技工院校一体化课程教学改革模具制造专业教材

冷冲压模具制作

人力资源和社会保障部教材办公室组织编写

中国劳动社会保障出版社

内容简介

本书主要内容包括制定链板模具工作计划、加工链板模具的凸凹模、加工链板模具的落料凹模、加工链板模具的固定板和卸料板、加工链板模具的其他零件、装配链板模具、链板模具试模与修模七个学习任务。

图书在版编目（CIP）数据

冷冲压模具制作/人力资源和社会保障部教材办公室组织编写. —北京：中国劳动社会保障出版社，2013

技工院校一体化课程教学改革模具制造专业教材

ISBN 978-7-5167-0247-5

Ⅰ.①冷… Ⅱ.①人… Ⅲ.①冲模-制模工艺-技工-学校-教材 Ⅳ.①TG385.2

中国版本图书馆 CIP 数据核字（2013）第 021905 号

中国劳动社会保障出版社出版发行

（北京市惠新东街1号　邮政编码：100029）

出版人：张梦欣

*

北京市艺辉印刷有限公司印刷装订　新华书店经销

787毫米×1092毫米　16开本　16.75印张　397千字

2013年1月第1版　2019年4月第3次印刷

定价：49.00元

读者服务部电话：（010）64929211/84209101/64921644

营销中心电话：（010）64962347

出版社网址：http://www.class.com.cn

http://zyjy.class.com.cn

技工院校一体化课程教学改革教材编委会名单

编审委员会

主　任：王晓初
副主任：吴道槐　张　斌　张梦欣　金　龄　张亚男　王晓君
委　员：冯　政　田　丰　翟　涛　万　象　何绪军　刘　春　王雪宁
　　　　蔡　兵　陈　蕾　蒋燕辰　刘素华

编审人员

主　编：周晓峰
参　编：孙海锋　周皇卫　黄联武　黄达辉　王　瑛　徐　建　王震宇
主　审：宋军民
顾　问：朱永亮　张利芳　张晓梅

序

人才是我国经济社会发展的第一资源，技能人才是人才队伍的重要组成部分。党中央、国务院高度重视技能人才队伍建设工作，2009 年 12 月，胡锦涛总书记在视察珠海市高级技工学校时指出：“没有一流的技工，就没有一流的产品”、“技能型人才在推进自主创新方面具有不可替代的重要作用”。技工院校是系统培养技能人才的重要基地。多年来，技工院校始终紧紧围绕国家经济发展和劳动者就业，以满足经济发展和企业对技术工人的需求为办学宗旨，形成了鲜明的办学特色，为国家培养了大批生产一线技能劳动者和后备高技能人才。

当前，我国处于全面建设小康社会的关键时期，随着加快转变经济发展方式、推进经济结构调整以及大力发展高端制造产业等新兴战略性产业，迫切需要加快培养一大批具有精湛技能和高超技艺的技能人才。为了遵循技能人才成长规律，切实提高培养质量，进一步发挥技工院校在技能人才培养中的基础作用，从 2009 年开始，我部借鉴国内外职业教育先进经验，在全国 17 个省（区、市）的 30 所技工院校启动了一体化课程教学改革试点工作，推进以职业活动为导向，以校企合作为基础，以综合职业能力培养为核心，理论教学与技能操作融合贯通的一体化课程教学改革。这项改革试点将传统的以学历为基础的职业教育转变为以职业技能为基础的职业能力教育，促进了职业教育从知识教育向能力培养转变，努力实现“教、学、做”融为一体，收到了积极成效。改革试点得到了学校师生的充分认可，普遍反映一体化课程教学改革是技工院校一次“教学革命”，学生的学习热情、教学组织形式、教学手段和学生的综合素质都发生了根本性变化。试点的成果表明，一体化课程教学改革是转变技能人才培养模式的重要抓手，是推动技工院校改革发展的重要举措，也是人力资源社会保障部门加强技工教育和在职业培训工作的一个重点项目。

教学改革的成果最终要以教材为载体进行体现和传播。根据我部推进一体化课程教学改革的要求，一体化课程改革专家、几百位试点院校的骨干教师以及中国人力资源和社会保障出版集团的编辑团队，用了三年多的时间，组织实施了一体化课程教学改革试点，并将试点中形成的课程成果进行了整理、提炼，汇编成“活页”教材。这套教材不仅在形式上打破了传统教材的编写模式，而且在内容上突破了传统教材的结构体例，在国内职业教育培训教材领域中均属首创。这套教材及配套资料的出版，不仅是本次一体化课程教学改革试点工作的阶段性总结，也是一体化课程教学改革不断深化和全面推广的一个起点。希望全国技工院校将一体化课程教学改革作为创新人才培养模式、提高人才培养质量的重要抓手，进一步推动教学改革，促进内涵发展，提升办学质量，为加快培养合格的技能人才作出新的更大贡献！

人力资源和社会保障部副部长

王晓初

二〇一二年八月

活页式教材使用说明

◆ 页码编排方式

为了更加方便地在教材中增删和替换内容，页码采用“学习任务编号－学习活动编号－页码号”三级编排形式，如“3–2–4”表示“学习任务三”的“学习活动 2”的第 4 页。

◆ 过程评价表使用方法

教材中设计了“自评表”、“互评表”、“教师总评表”、“综合评价表”等评价表格，表头上有“班级”、“姓名”、“学号”等信息栏，从活页教材中取出评价表填写后可以单独提交。

◆ 教材内容更新方法

中国人力资源和社会保障出版集团将根据一体化课程教学改革的推进以及科学技术的发展和不同地域的需要，不断补充和更新教材中的学习任务和学习活动，学校可以从“技工院校一体化教学资源网（http：//yth.cott.org.cn）”下载（需在网站注册）。通过网站还可以了解到更多的一体化课程教学改革信息和下载相关资源。

◆ 便携式活页夹和 PVC 保护板使用方法

使用教材中附赠的便携式活页夹，可以灵活方便地将教材中部分内容携带至一体化教学场地。教材内附的整张 PVC 保护板可以作为学习记录垫板使用。

◆ 参考用书选用方法

在学习过程中，学生需要查阅大量参考资料，下表为中国人力资源和社会保障出版集团出版的适宜本专业一体化教学使用的参考书目录。

机械设备维修 / 模具制造专业一体化教学参考书目录（中级阶段）

序号	书号	书名
1	978-7-5045-9709-0	机械制图（少学时）（双色印刷）
2	978-7-5045-9690-1	机械基础（少学时）（双色印刷）
3	978-7-5045-9677-2	金属材料与热处理（少学时）（双色印刷）
4	978-7-5045-9717-5	极限配合与技术测量基础（少学时）（双色印刷）
5	978-7-5045-9689-5	机械制造工艺基础（少学时）（双色印刷）
6	978-7-5045-9713-7	工程力学（少学时）（双色印刷）
7	978-7-5045-9668-0	电工学（少学时）（双色印刷）
8	978-7-5045-9049-7	机修钳工工艺与技能　学生用书 II　基础知识
9	978-7-5045-6877-9	模具钳工工艺学
10	978-7-5045-6934-9	模具钳工技能训练

目　　录

学习任务一　制定链板模具工作计划

学习目标

1. 能按照安全文明生产操作规程的要求规范工作。

2. 能根据模具工作特点区别冷冲压模具类型。

3. 能根据冷冲压模具实物或模型，说出冷冲压模具各组成部分及其作用，说出冷冲压模具的工作原理和作用。

4. 能查阅模具材料手册，说出常用冷冲压模零件的材料及性能。

5. 能根据模具制造的特点，确定模具制造的步骤。

6. 能根据模具的零件图，确定模具零件的加工方法及所用加工设备。

7. 能根据模具制造要求确定坯料尺寸。

8. 能根据模具制造要求及设备情况，讨论并制定工作计划。

建议学时

70 学时。

工作情境描述

某校接到链条厂的订单，需加工如图 1—0—1 所示自行车链条所用链板（图 1—0—2）100 000 件，加工费 0.05 元/件，工期 15 天。如果采用传统的机加工方法进行生产，生产效率低，加工成本高，因此拟采用模具进行冷冲压加工。

在领取模具制造派工单、链板模具装配图（图 1—0—3）与配套的链板模具零件图（图 1—0—4 ~ 图 1—0—13）后，需先明确工作任务要求，分析模具装配图及其零件图，明确模具结构与工作原理及制造模具的材料性能，制定出模具制造工作计划，为制造模具作准备。

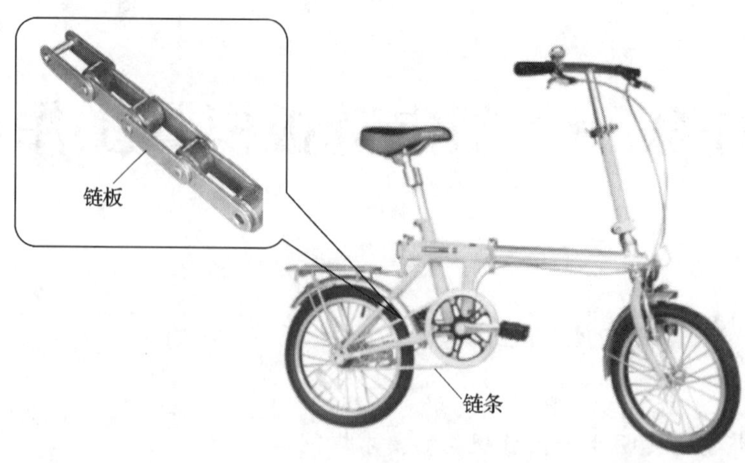

图 1—0—1　自行车链条及链板

模具制造派工单

接单日期________________

客户	链条厂	模具名称	链板模	内部编号	LCY001
制件材质	45 钢	模具类型	冷冲压	模具使用寿命	不小于 10 万次
预计工时	5 天	生产部门	× ×小组	派工员	× × ×

装配图与零件图

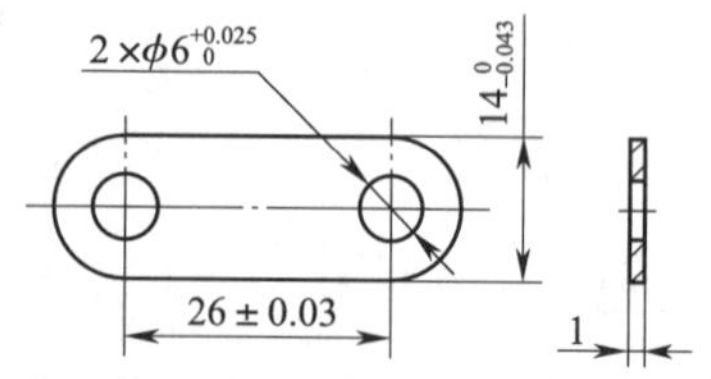

图 1—0—2　链板零件图

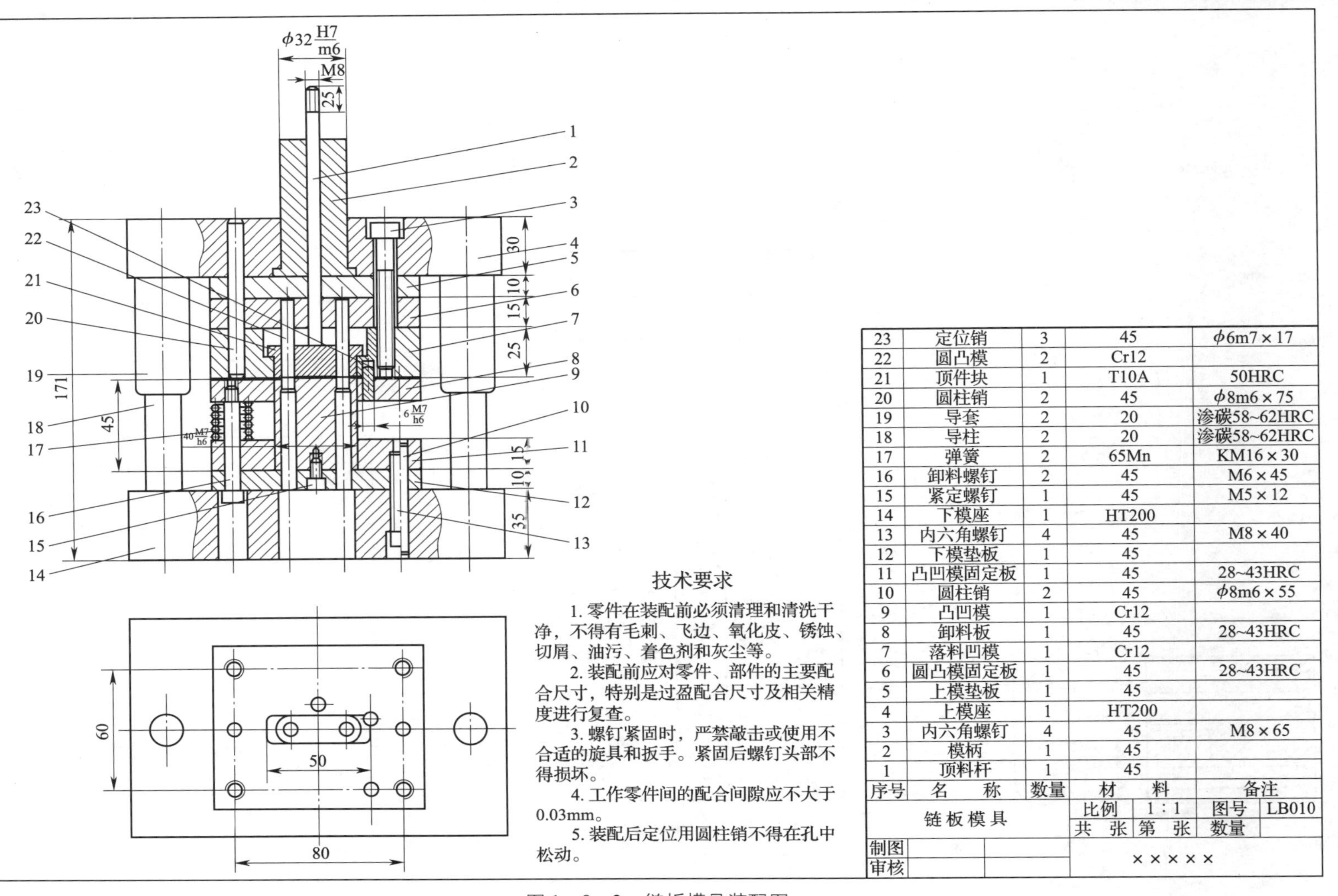

序号	名　称	数量	材　料	备注
23	定位销	3	45	ϕ6m7×17
22	圆凸模	2	Cr12	
21	顶件块	1	T10A	50HRC
20	圆柱销	2	45	ϕ8m6×75
19	导套	2	20	渗碳58~62HRC
18	导柱	2	20	渗碳58~62HRC
17	弹簧	2	65Mn	KM16×30
16	卸料螺钉	2	45	M6×45
15	紧定螺钉	1	45	M5×12
14	下模座	1	HT200	
13	内六角螺钉	4	45	M8×40
12	下模垫板	1	45	
11	凸凹模固定板	1	45	28~43HRC
10	圆柱销	2	45	ϕ8m6×55
9	凸凹模	1	Cr12	
8	卸料板	1	45	28~43HRC
7	落料凹模	1	Cr12	
6	圆凸模固定板	1	45	28~43HRC
5	上模垫板	1	45	
4	上模座	1	HT200	
3	内六角螺钉	4	45	M8×65
2	模柄	1	45	
1	顶料杆	1	45	

链板模具		比例	1∶1	图号	LB010
		共　张	第　张	数量	
制图		×××××			
审核					

技术要求

1. 零件在装配前必须清理和清洗干净，不得有毛刺、飞边、氧化皮、锈蚀、切屑、油污、着色剂和灰尘等。

2. 装配前应对零件、部件的主要配合尺寸，特别是过盈配合尺寸及相关精度进行复查。

3. 螺钉紧固时，严禁敲击或使用不合适的旋具和扳手。紧固后螺钉头部不得损坏。

4. 工作零件间的配合间隙应不大于0.03mm。

5. 装配后定位用圆柱销不得在孔中松动。

图 1—0—3　链板模具装配图

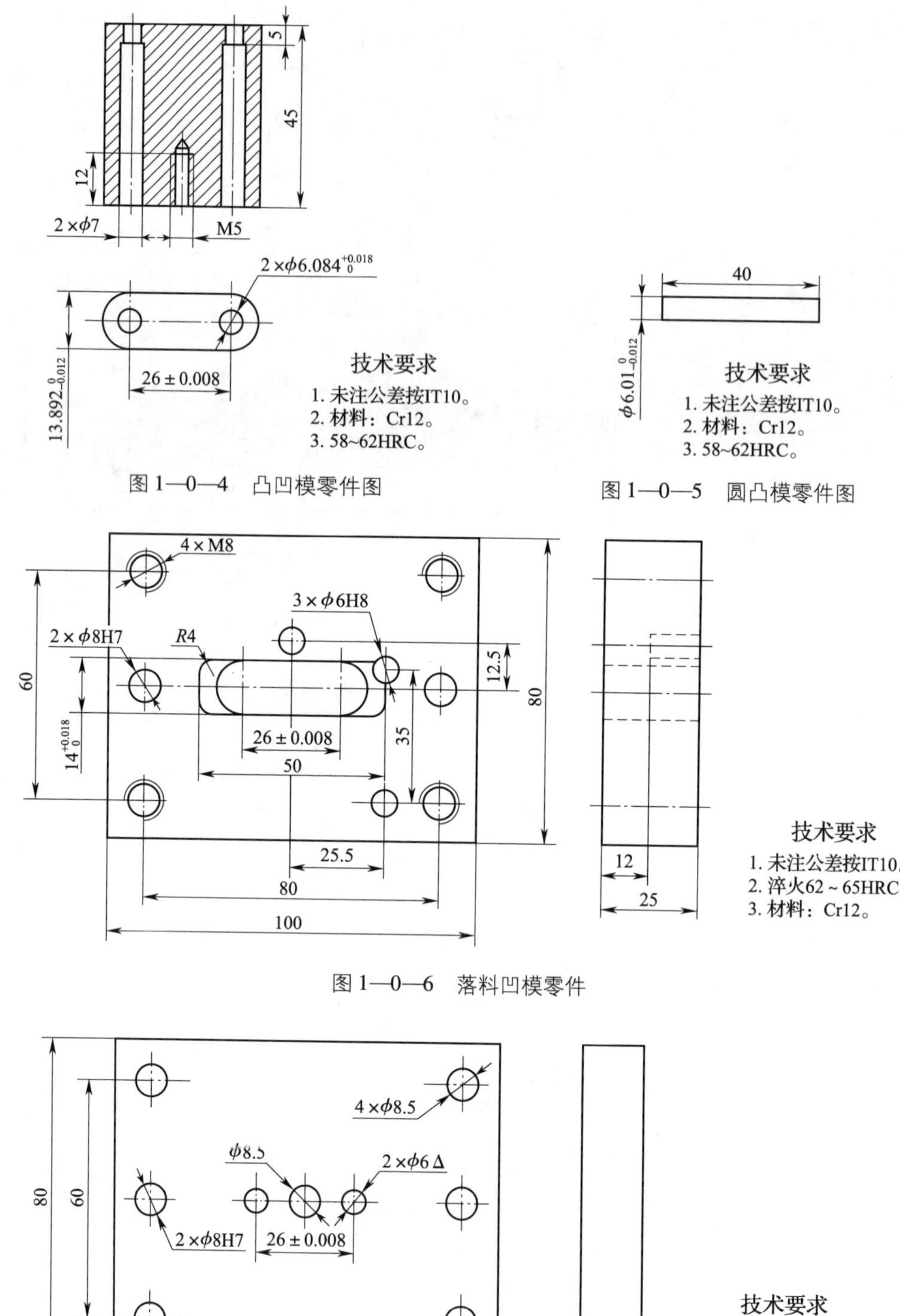

图 1—0—4　凸凹模零件图

图 1—0—5　圆凸模零件图

图 1—0—6　落料凹模零件

图 1—0—7　圆凸模固定板零件图

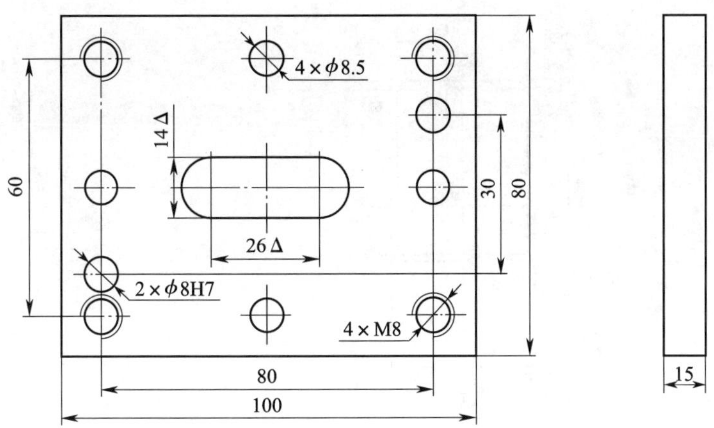

技术要求

1. 带“Δ”尺寸按M7/h6与凸模配作。
2. 未注公差按IT10。
3. 调质。
4. 材料：45钢。

图 1—0—8　凸凹模固定板零件图

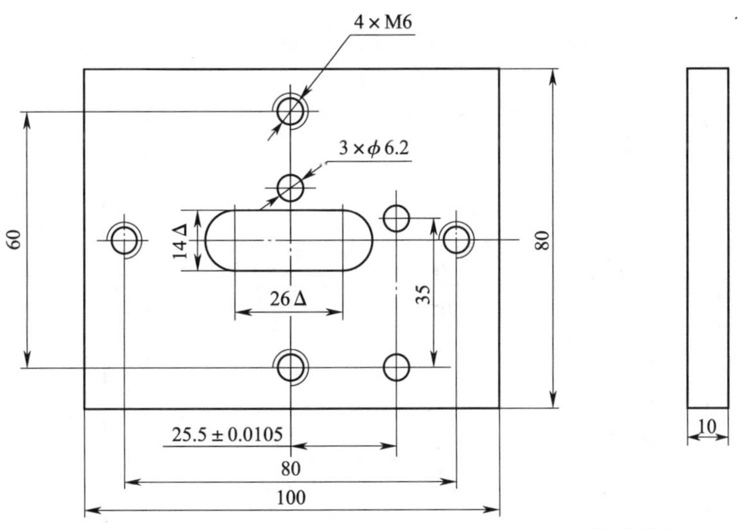

技术要求

1. 带“Δ”尺寸按M7/h6与凸模配作。
2. 未注公差按IT10。
3. 调质。
4. 材料：45钢。

图 1—0—9　卸料板零件图

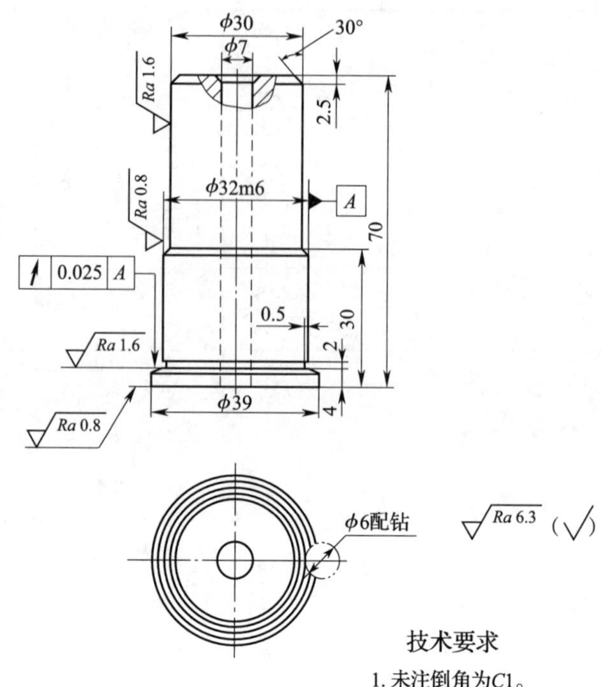

技术要求

1. 未注倒角为C1。
2. 材料：45钢。

图 1—0—10 模柄零件图

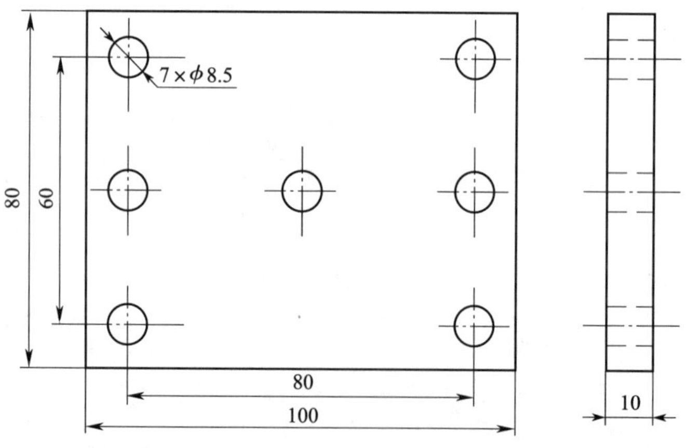

技术要求

1. 未注公差按IT10。
2. 材料：45钢。
3. 淬火45～50HRC。

图 1—0—11 上模垫板零件图

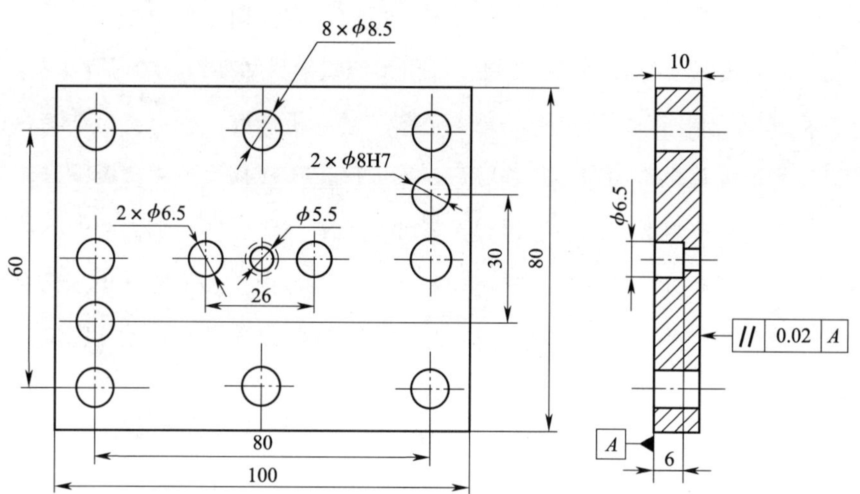

技术要求

1. 未注公差按IT10。
2. 材料：45钢。
3. 淬火45～50HRC。

图 1—0—12　下模垫板零件图

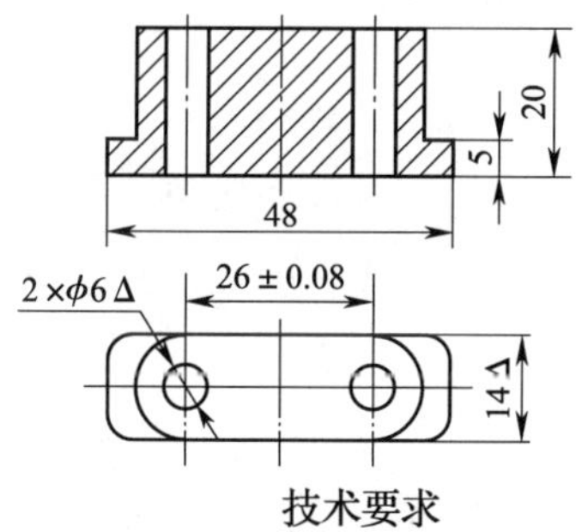

技术要求

1. 未注公差按IT10。
2. 材料：T10A。
3. 带“Δ”尺寸按H7/h6与圆凸模、落料凹模配作。
4. 50HRC。

图 1—0—13　顶件块零件图

工作流程与活动

领取模具制造派工单、链板零件图、链板模具的装配图和零件图；认真阅读模具制造派工单，了解模具制造生产任务信息；通过认识日常生活和生产实践的实例、查阅相关资料等方式，了解模具的概念、作用和模具冲压的主要工序、特点，了解冷冲压模具的分类、特点，掌握链板模具的类型；查阅模具制造手册，获取冷冲压模具的结构特点及各组成部分等信息，经小组讨论，明确链板模具的结构，将模具零件按功能分类，并说出模具的工作原理；按制图标准抄画链板模具装配图，以熟悉链板模具的结构。

接着，根据模具制造派工单，查阅相关资料，了解机械产品生产类型与特点、冷冲压模具的生产流程、模具生产周期及影响因素，从而确定链板模具的生产类型、制造流程和生产周期；结合链板模具装配图和链板模具零件图，划分链板模具零件中的标准件和非标准件；查阅资料，了解模具零件加工常用设备及其加工特点、加工范围与加工精度，确定制造链板模具零件所需的加工设备；了解链板模具制造的工作内容，最终完成链板模具制造工作计划的制定。任务完成后，写出工作总结，进行经验交流。

学习活动 1　接受工作任务、明确工作要求（18 学时）

学习活动 2　认识链板模具结构、工作原理与材料（14 学时）

学习活动 3　识读并抄画链板模具装配图（10 学时）

学习活动 4　制定模具制造工作计划（24 学时）

学习活动 5　工作总结、成果展示、经验交流（4 学时）

学习活动1　接受工作任务、明确工作要求

学习目标

1. 能按安全文明生产操作规程，检查个人着装。
2. 能读懂模具制造派工单，整理出加工的有关信息。
3. 能说出模具的概念及其应用。
4. 能说出冷冲压模具的主要工序及其特点。
5. 能说出冷冲压模具的不同分类方法及相应的模具类型。
6. 能积极接受工作任务，明确工作任务，确定小组成员。

建议学时：18学时。

学习准备

模具制造派工单、链板模具装配图、链板零件图、教材、冷冲压模具结构图册；工作服、工作帽等劳保用品。

学习过程

1. 在进入车间等工作场所前，应正确穿戴工作服、工作帽。查阅资料，了解安全生产规程及制度，了解有关生产安全的内容，小组成员相互检查穿着是否符合安全生产文明要求，记录存在的不合格现象。

2. 企业在组织生产模具时，通过派工单向模具生产人员下达模具生产任务。阅读模具制造派工单，写出从中获取的任务信息。

3. 模具的概念

花式饼干手工制作成形的步骤是：首先和面团，擀成大小、厚薄合适的面皮，这是准备饼干材料；然后，用饼干外模将饼坯从面皮上扣下来；接着，用刻有图案的饼干内模对准扣下的饼坯，轻轻用手压实、压平，用力均衡，再拿开饼干模，花式饼干成形，如图 1—1—1 所示。让花式饼干成形的小工具称为模具。

a）压饼干外模

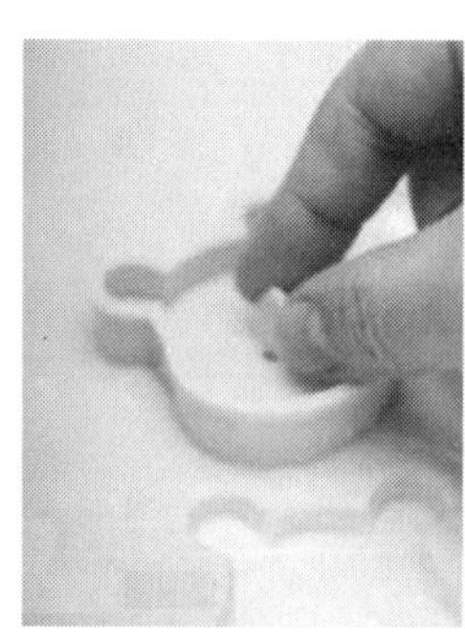
b）压饼干内模

c）饼干成形

图 1—1—1 手工制作饼干

（1）查阅资料或者利用互联网搜索，说说：什么是模具？模具（图 1—1—2）的作用是什么？

图 1—1—2 模具

（2）如图 1—1—3a 所示为生活中常用的不锈钢面盆。它是工厂中技术工人在冲床上利用模具冲压不锈钢板而成形的产品，如图 1—1—3b 所示。说说：还有哪些金属制品是利用模具冲压而成的？（至少列举 3 个实例）

a）冲压成形的不锈钢盆

b）技术工人冲压不锈钢盆

图 1—1—3　不锈钢盆及其冲压生产

4. 在室温下，利用安装在压力机上的模具对被冲材料施加一定的压力，使之产生分离和塑性变形，从而获得所需形状和尺寸零件（也称制件）的一种加工方法，称为冷冲压。冷冲压加工的材料通常为板料。而用于实现冷冲压工艺的工艺装备（简称工装）就是冷冲压模具。

由上述可知，冷冲压模具在工作中对原材料要实现两种工序：分离工序和成形工序。

（1）搜索互联网和查阅冷冲压模具相关资料，说说这两种工序的特点。

分离工序的特点：

成形工序的特点：

（2）仔细观察图1—1—4，分辨哪些属于分离工序，哪些属于成形工序。

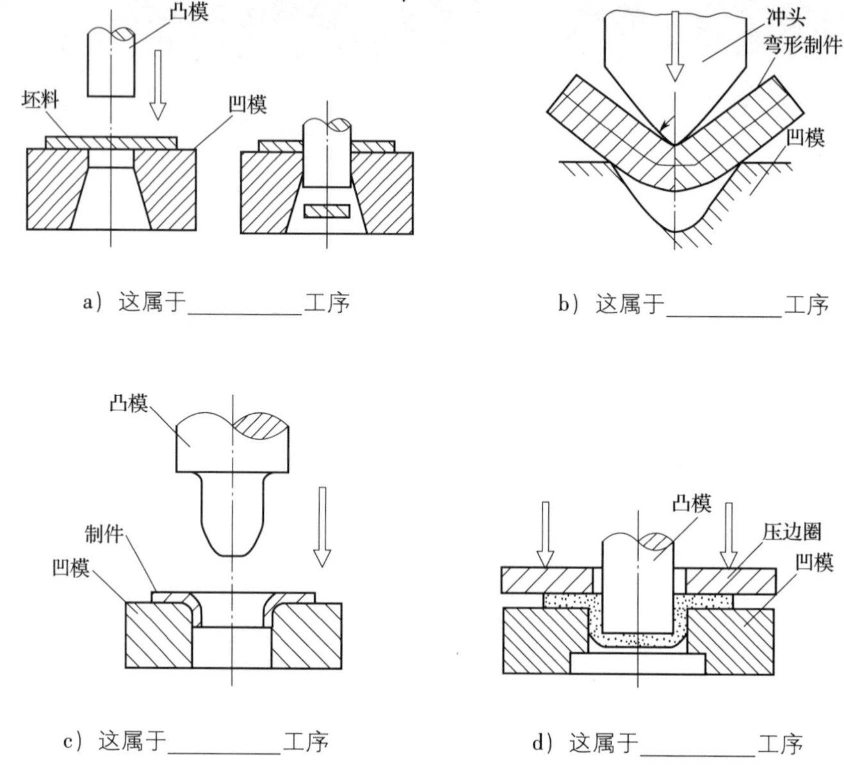

图1—1—4 冲压模具的典型工序

（3）根据下列常用冲压工序的工作特点，对它们进行归类，分别填写在相应的工序类别后面。

常用冲压工序：剪裁、弯曲、拉深、落料、卷圆、冲孔、起伏、切边、切口、修整、翻边。

分离工序：____

成形工序：____

5. 识读链板零件图（图 1—0—2），根据链板零件的形状特点想一想：要加工该零件，链板模具在其一次开合过程中，应该完成哪些加工工序？

6.（1）按工序性质分类，冷冲压模具可分为落料模、冲孔模、弯曲模、拉深模、冷挤压模等。查阅冷冲压模具的相关资料，了解上述模具的工序差异，然后仔细观察图 1—1—5 所示的典型冷冲压模具。它们各自属于哪种类型？（提示：请将名称填在图形下方。）

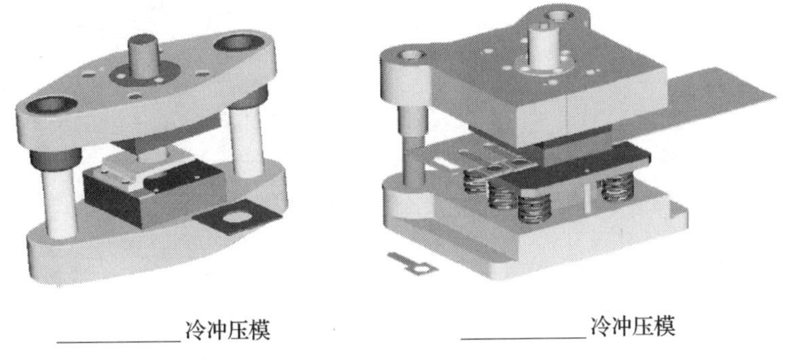

图 1—1—5　典型冷冲压模具

（2）按工序组合方式分类，冷冲压模具可分为单工序模、级进模和复合模。查阅冷冲压模具的相关资料，简述上述模具的工序组合特点，并填入表 1—1—1。

表 1—1—1　　按工序组合方式分类的冷冲压模具工序组合特点及图例

种类	工序组合特点	图例
单工序模		方形板材冲孔

续表

种类	工序组合特点	图例
级进模		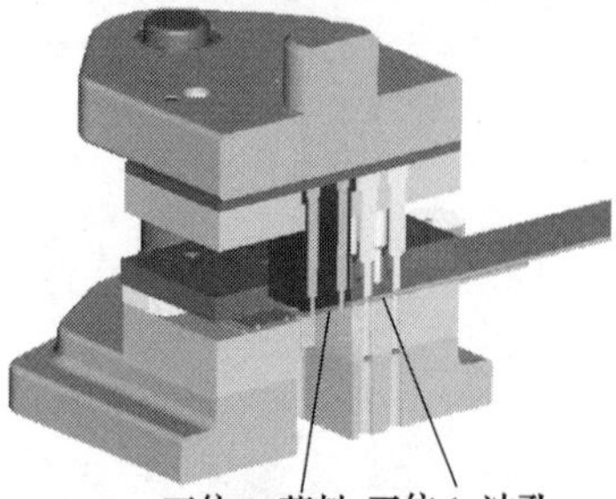 工位 2: 落料 工位 1: 冲孔
复合模		 落料成形 冲孔余料

（3）查阅冷冲压模具相关资料，说说：冷冲压复合模主要有哪几种典型类型?

（4）识读链板模具装配图，分析该模具所属的类型，简述原因。

7. 小组讨论，确定图 1—1—6a、b、c 所示产品是否能用与链板模具同类型的模具进行加工。如果不能，则分别写出它们能用什么类型的模具进行加工。

a)

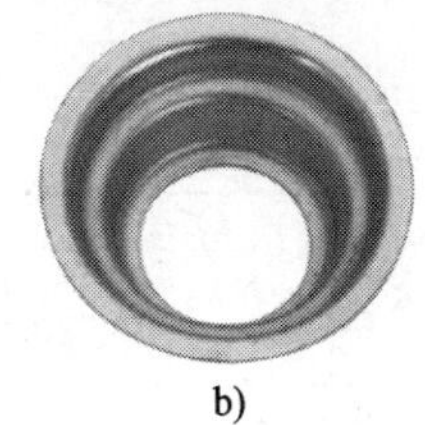
b)

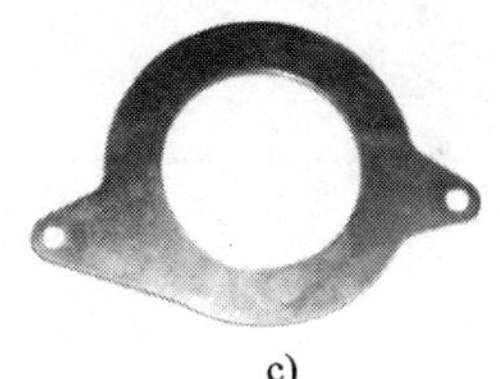
c)

图 1—1—6　冲压零件

零件 a：

零件 b：

零件 c：

8. 了解链板模具的类型，明确链板模具制作的要求后，应在教师的指导下分组开展链板模具制作任务。在采用小组形式进行模具制造时，小组成员的构成应从人员的技术能力、组织能力的互补及各自工作职责等方面来考虑。例如，加工能力强的人员侧重具体加工操作，参与工艺讨论；工艺能力强的人员侧重制定工艺，参与并指导加工；组织能力强的人员侧重进度和人员的调配与组织，并参与工艺制定与加工操作。

讨论确定本小组人员在链板模具制造过程中的分工，并记录。

评价与分析

学习活动过程评价表

<table>
<tr><td>班级</td><td></td><td>姓名</td><td></td><td>学号</td><td></td><td>日期</td><td>年 月 日</td></tr>
<tr><td>序号</td><td colspan="5">评价要点</td><td>配分</td><td>得分</td><td>总评</td></tr>
<tr><td>1</td><td colspan="5">能收集和归纳派工单信息，确定工作内容</td><td>10</td><td></td><td rowspan="8">A□（86～100）
B□（76～85）
C□（60～75）
D□（60 以下）</td></tr>
<tr><td>2</td><td colspan="5">能说出模具的概念及应用</td><td>10</td><td></td></tr>
<tr><td>3</td><td colspan="5">能区分冷冲压模具的加工工序，并说出工序特点</td><td>20</td><td></td></tr>
<tr><td>4</td><td colspan="5">能查阅资料，说出冷冲压模具的分类方法及类型</td><td>20</td><td></td></tr>
<tr><td>5</td><td colspan="5">能判断冷冲压模具的类型</td><td>15</td><td></td></tr>
<tr><td>6</td><td colspan="5">能遵守劳动纪律，以积极的态度接受工作任务</td><td>5</td><td></td></tr>
<tr><td>7</td><td colspan="5">能积极参与小组讨论，运用专业术语与其他人讨论、交流</td><td>15</td><td></td></tr>
<tr><td>8</td><td colspan="5">能虚心接受他人意见，并及时改正</td><td>5</td><td></td></tr>
<tr><td>小结
建议</td><td colspan="8"></td></tr>
</table>

学习活动2　认识链板模具结构、工作原理与材料

学习目标

1. 能说出冷冲压模具的工作原理。
2. 能说出冷冲压模具零件的分类及作用。
3. 能判断冷冲压模具导柱、导套的类型。
4. 能说出冷冲压模具送料方式及结构。
5. 能说出被加工材料的常见定位方式。
6. 能明确冷冲压模具对材料的性能要求，并能正确识读模具材料牌号。

建议学时：14学时。

学习准备

冷冲压模具结构图册、教材、金属材料手册、冷冲压模具工作原理多媒体视频和图片；冷冲压模具实物、教具；工作服、工作帽等劳保用品。

学习过程

1. 识读链板模具装配图，参照图1—2—1所示一般冷冲压模具工作原理图，说出链板模具的工作原理。

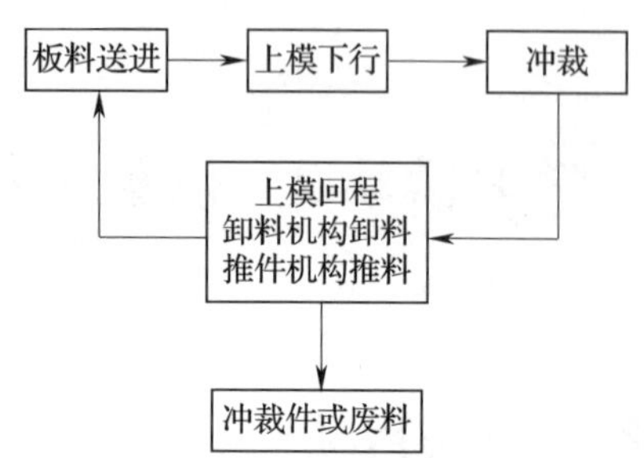

图 1—2—1　一般冷冲压模具工作原理图

2. 冷冲压模具的零件按照功能可以划分为两大类：工艺结构件和辅助结构件。工艺结构件直接参与完成工艺过程，并和毛坯直接发生作用；辅助结构件不直接参与完成工艺过程，也不和毛坯直接发生作用。

（1）查阅冷冲压模具相关资料，将其零件的具体种类、作用填入表 1—2—1。

表 1—2—1　　冷冲压模具零件的分类、作用及典型零件

类别	种类	作用	典型零件
工艺结构件	工作零件		凸模 8
	________零件		
	____________ ________零件		
辅助结构件	导向零件		
	________零件		
	________零件		
	其他零件		

（2）分析图1—2—2所示冷冲压模具的零件，将这些零件按照表1—2—1所列零件种类分类，将名称及序号（如“凸模8”）填入表1—2—1的最后一列。

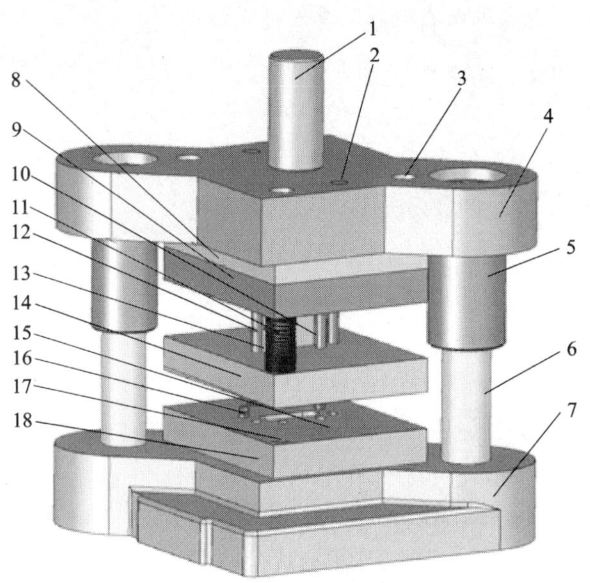

图1—2—2　冷冲压模具实例

1—模柄　2—凸模定位销　3—凸模固定内六角螺钉　4—上模架　5—导套　6—导柱　7—下模架
8—凸模垫板　9—凸模固定板　10—凸模　11—卸料板连接螺钉　12、17—定位销
13—卸料弹簧　14—卸料板　15—凹模内六角螺钉　16—定位钉　18—凹模

（3）识读链板模具装配图，对链板模具零件进行分类。

3. 模具中，导柱和导套的作用主要是用来保证冷冲压模具的工作零件在工作中处于正确位置。

（1）常见导柱、导套的种类有哪些？各有什么特点？

（2）判断链板模具的导柱、导套属于什么类型。

4. 冷冲压模具工作时，可以采用人工送料方式送料，但这种方式劳动强度大、效率低。因此，为了提高工作效率，现代冷冲压模具中广泛采用自动送料机构来实现自动送料。

（1）查阅资料，写出自动送料机构的常见种类。

（2）链板模具采用的送料方式和结构是什么？

5．冷冲压模具加工过程中，被加工材料必须在模具中保持正确的位置。

（1）冷冲压模具中，常见的定位方式有哪些？

（2）图1—2—3a、b所示分别属于什么定位方式？它们如何实现被加工材料的定位？

图1—2—3　两种定位方式

（3）仔细识读链板模具装配图（图1—0—3），说出链板模具采用什么定位方式来保证被加工材料在模具中正确的位置。其定位元件是哪些？其定位的工作原理是什么？

6. 按照材料性质划分，金属材料可以分为塑性材料和脆性材料。在外力作用下，虽然产生较显著的永久变形但不被破坏的材料，称为塑性材料。相反，在外力作用下发生微小变形即被破坏的材料，称为脆性材料。塑性、韧性差的材料，其工艺性能往往很差，难以满足各种加工及安装的要求，运行中还可能发生突然的脆性破坏。这种破坏往往是事故前兆，其危险性极大。脆性材料抵抗冲击载荷的能力同样也很差。

（1）链板的材料是 45 钢。判断其性质，并查阅金属材料相关资料，说出该材料的力学性能。

（2）冷冲压模具的性能好坏、使用寿命高低，直接影响产品的质量和经济效益。特别是，冷冲压模具要承受冲击、摩擦、高压负荷等，工作条件复杂。想一想，制作冷冲压模具的材料应该满足什么要求?

（3）制造冲压模具可以使用钢材、硬质合金、钢结硬质合金、锌基合金、低熔点合金、铝青铜、高分子材料等。目前制造冲压模具的材料以钢材为主，模具工作零件的常用材料有碳素工具钢、低合金工具钢、高碳高铬或中铬工具钢、中碳合金钢、高速钢、基体钢以及硬质合金、钢结硬质合金等。查阅模具材料手册或冷冲模具资料，说出这些常用材料的特性。

（4）查阅金属材料手册，解释下列模具材料的牌号所代表的含义。

Cr12MoV：

CrWMn：

T8A：

T10A：

9SiCr：

（5）认真阅读链板模具装配图（图 1—0—3），写出链板模具的工作零件采用的材料。查阅金属材料手册，写出链板模具的工作零件所用材料的力学性能及其性质。

（6）比较链板模具工作零件材料和链板材料的特性，说一说：为什么冲压模能够加工出链板？

评价与分析

学习活动过程评价表

<table>
<tr><td>班级</td><td></td><td>姓名</td><td></td><td>学号</td><td></td><td>日期</td><td>年　月　日</td></tr>
<tr><td>序号</td><td colspan="5">评价要点</td><td>配分</td><td>得分</td><td>总评</td></tr>
<tr><td>1</td><td colspan="5">能说出冷冲压模具的工作原理</td><td>15</td><td></td><td rowspan="10">A□（86～100）
B□（76～85）
C□（60～75）
D□（60 以下）</td></tr>
<tr><td>2</td><td colspan="5">能说出冷冲压模具零件的分类、作用</td><td>10</td><td></td></tr>
<tr><td>3</td><td colspan="5">能正确判断冷冲压模具导柱和导套的类型</td><td>10</td><td></td></tr>
<tr><td>4</td><td colspan="5">能判断冷冲压模具对被加工材料的定位方式</td><td>10</td><td></td></tr>
<tr><td>5</td><td colspan="5">能说出金属材料牌号所表示的含义</td><td>10</td><td></td></tr>
<tr><td>6</td><td colspan="5">能说出冷冲压模具工作零件的常用材料、性质及力学性能</td><td>15</td><td></td></tr>
<tr><td>7</td><td colspan="5">能分析模具工作零件能够加工零件的原因</td><td>5</td><td></td></tr>
<tr><td>8</td><td colspan="5">能遵守劳动纪律</td><td>5</td><td></td></tr>
<tr><td>9</td><td colspan="5">能积极参与小组讨论，运用专业术语与其他人讨论、交流</td><td>15</td><td></td></tr>
<tr><td>10</td><td colspan="5">能虚心接受他人意见，并及时改正</td><td>5</td><td></td></tr>
<tr><td>小结
建议</td><td colspan="8"></td></tr>
</table>

学习活动 3　识读并抄画链板模具装配图

学习目标

1. 能根据模具装配图，说出各零件的名称、作用及相互位置与配合关系，说出模具装配图采用的表达方法。

2. 能正确对图纸布局，正确运用不同的线型，绘制不同的线条，能按图样表达要求，完成链板模具装配图的抄画。

建议学时：10 学时。

学习准备

教材、公差配合标准表、绘图工具（丁字尺、三角板、圆规、铅笔等）、空白图纸。

学习过程

1. 识读链板模具装配图（图 1—0—3），完成下列问题：

（1）链板模具的长度为____________________，宽度为____________________，高度为________________。

（2）写出链板模具装配图中件 11、件 12、件 14 的零件名称，分析它们之间依靠什么零件进行连接。

（3）如果要拆下装配图中件 17（弹簧），必须先拆下哪个零件?

（4）件 8 和件 9 之间能产生相对运动吗?

（5）分析装配图中件 10 和件 13 在模具装配中起什么作用。

（6）链板模具装配图中，$40\frac{M7}{h6}$代表的含义是什么？它反映了哪两个零件之间的配合要求?

2. 抄画链板模具装配图前，首先要确定图纸大小及进行布局，对视图进行合理安排，理清模具各类零件的表达方式及所用线型。

（1）根据装配图尺寸，说出链板模具图样应采用的图幅。

（2）装配图中的主视图和俯视图怎么安排？在下面空白处勾画布局草图。(提示：用矩形或三角形代表各个视图图形。)

（3）链板装配图采用了哪些线型？这些线型的粗细有什么要求？它们都分别用于表达什么？(举例说明，至少举 3 个零件为例。)

（4）冷冲压模具常采用一些标准件（如圆柱销、弹簧、螺栓等)。这些标准件在装配图上如何表达？(回答时以链板模具装配图的件 23 和件 17 为例说明。)

（5）在装配图中，重叠的零件采用什么方式来绘制？绘制时应注意什么？

（6）在绘制模具装配图中的剖面线时，应注意哪些问题？

（7）填写标题栏时，应注意哪些问题？

3．在教师的指导下，正确抄画链板模具装配图，并简要记录抄画步骤。

评价与分析

学习活动过程评价表

<table>
<tr><td>班级</td><td></td><td>姓名</td><td></td><td>学号</td><td></td><td>日期</td><td>年　月　日</td></tr>
<tr><td>序号</td><td colspan="5">评价要点</td><td>配分</td><td>得分</td><td>总评</td></tr>
<tr><td>1</td><td colspan="5">能读出零件之间的连接、相互位置及装配关系</td><td>10</td><td></td><td rowspan="12">A□（86～100）
B□（76～85）
C□（60～75）
D□（60 以下）</td></tr>
<tr><td>2</td><td colspan="5">能依据绘制对象，合理确定图幅大小</td><td>5</td><td></td></tr>
<tr><td>3</td><td colspan="5">能说出装配图的画法</td><td>5</td><td></td></tr>
<tr><td>4</td><td colspan="5">能说出装配图中零件的连接关系和相互运动关系</td><td>10</td><td></td></tr>
<tr><td>5</td><td colspan="5">能根据图样表达的需求，正确选择不同的线型</td><td>5</td><td></td></tr>
<tr><td>6</td><td colspan="5">能正确绘制标准件</td><td>10</td><td></td></tr>
<tr><td>7</td><td colspan="5">能正确填写标题栏</td><td>5</td><td></td></tr>
<tr><td>8</td><td colspan="5">能正确抄画装配图，图形布置合理，图面美观、整洁</td><td>15</td><td></td></tr>
<tr><td>9</td><td colspan="5">能掌握独立查阅资料、自我学习的方法</td><td>10</td><td></td></tr>
<tr><td>10</td><td colspan="5">能遵守劳动纪律</td><td>5</td><td></td></tr>
<tr><td>11</td><td colspan="5">能积极参与小组讨论，运用专业术语与其他人讨论、交流</td><td>15</td><td></td></tr>
<tr><td>12</td><td colspan="5">能虚心接受他人意见，并及时改正</td><td>5</td><td></td></tr>
<tr><td>小结
建议</td><td colspan="8"></td></tr>
</table>

学习活动4　制定模具制造工作计划

学习目标

1. 能说出模具制造类型、特点和过程，确定链板模具的制造流程。

2. 能说出影响模具生产周期的因素。

3. 能根据模具装配图，确定模具制造需要加工的零件。

4. 能根据模具制造要求，合理选择加工设备类型，确定模具零件的加工顺序。

5. 能制定制造链板模具的工作计划。

建议学时：24学时。

学习准备

链板模具装配图、链板模具零件图、链板模具制造派工单、模具制造的相关资料、教材等。

学习过程

1. 企业组织产品的生产时，按照产品数量划分生产类型。生产类型及其特点具体见表1—4—1。

表 1—4—1　　按产品数量划分的生产类型及其特点

生产类型	生产数量		特点
	零件类型	产量	
大批大量生产	重型零件	>300	优点：生产稳定、效率高、成本低、管理工作简单 缺点：投资大（专用夹具和专用机械设备的配备）、适应性差、灵活性差
	中型零件	>500	
	小型零件	>5 000	
成批生产	重型零件	>100～300	介于两者之间
	中型零件	>200～500	
	小型零件	>500～5 000	
单件小批生产	重型零件	<100	生产稳定性差、效率低、成本高、管理工作复杂
	中型零件	<200	
	小型零件	<500	

（1）链板模具的制造属于哪种生产类型？查阅资料，说说：链板模具的制造按照其所属生产类型，应该注意做好哪些工作？

（2）模具的生产过程是指由模具制造合同签订开始，到模具______、______、交付使用的全过程。模具的生产过程分为：______________过程，包括模具图样设计、备料清单编制、专用工艺装备设计、材料定额和工时定额、模具成本估价；____________过程，即直接生产模具的过程；______________过程，即生产与模具生产相关的非标工具、检具及其他工艺装备的过程；__________过程，指为模具生产提供各种服务的过程，包括原材料、工具的采购、保管，零件的检验，以及模具的油漆、包装和为客户服务等。

2. 根据链板模具制造派工单和其装配图、零件图，参考冷冲压模具制造流程图（图1—4—1），说说该模具制造的大致流程。

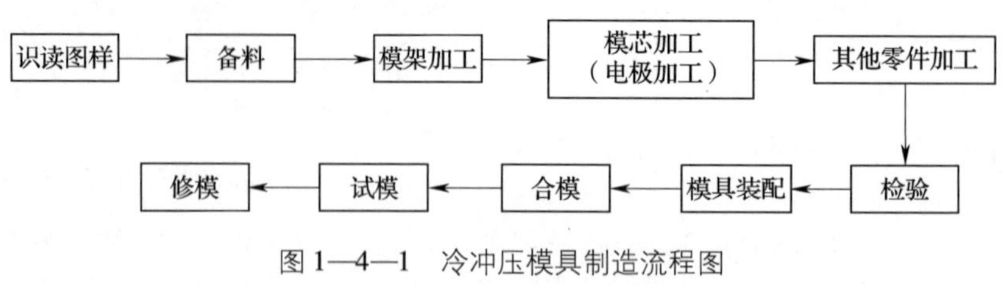

图 1—4—1　冷冲压模具制造流程图

3.（1）模具的生产周期就是________周期，是从模具________开始到模具__________后________所用的时间。制造模具的周期长短是衡量一个模具企业生产能力和技术水平的综合指标之一，它反映了模具企业的竞争力。国内模具生产周期一般为______ ~ ______个月，国外模具生产周期一般为________月。

（2）影响模具生产周期的主要因素有哪些？（提示：主要影响因素有四个。）

4. 在机械设备制造中，设备的零件通常可以分为标准件和非标准件。标准件是指结构、尺寸、画法、标记等各个方面完全标准化，并由专业厂生产的常用零（部）件，包括标准化的紧固件、连接件、传动件、密封件、液压元件、气动元件、轴承、弹簧等。标准化程度高、行业通用性强的机械零部件和元件，又被称为通用件。非标准件主要是指国家没有定出严格的标准规格，没有相关的参数规定，且由企业自由控制的其他零件（或配件）。非标准件的加工是机械制造中的重要部分。

（1）仔细阅读链板模具装配图，说出该模具中哪些零件是标准件。（提示：写出“名称 + 序号”。）

（2）链板模具的零件中，除了标准件外，哪些零件是非标准件？（提示：写出“名称 + 序号”。）

（3）机械制造中的标准件一般可以直接______、直接______，或者购买后根据加工要求稍加______后使用；而非标准件由于其______、______特殊，需要进行______。

5. 在冷冲压模具制造流程中，模具零件加工是一项重要的工作，也是整个模具制造中用时最长的阶段。现代模具制造已经基本实现了用机械化、自动化设备加工模具零件。现代化的生产方式取代传统的手工加工方式，大大提高了生产效率和质量。查阅相关资料，填写表 1—4—2 所列模具零件加工常用设备的加工特点、加工范围和加工精度。

表 1—4—2　　模具零件加工常用设备的加工特点、加工范围和加工精度

名称	图形	加工特点	加工范围	加工精度
铣床				

续表

名称	图形	加工特点	加工范围	加工精度
平面磨床				
立式钻床				
数控线切割机床				
数控电脉冲机床	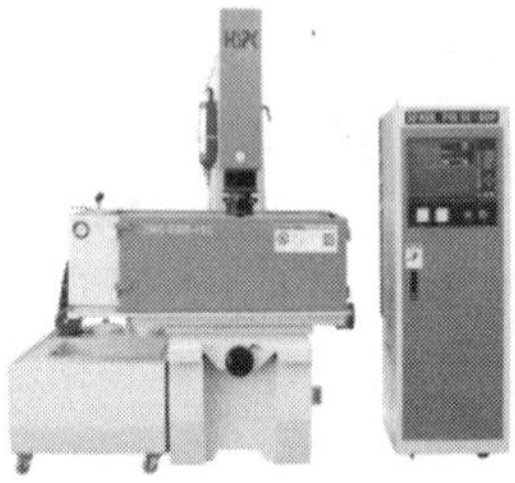			
数控铣/加工中心	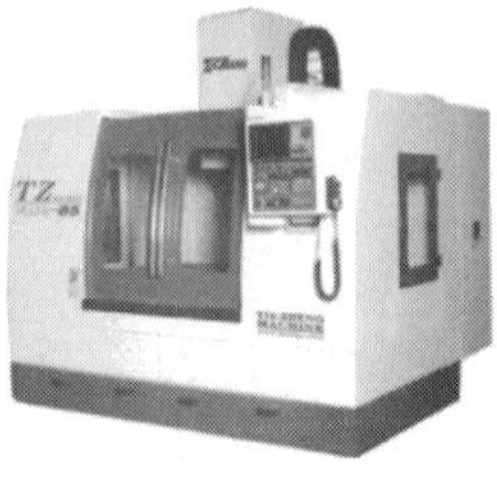			

6. 在冷冲压模具的实际生产中，参照零件加工工艺卡，根据企业所拥有的生产设备情况，在满足模具零件加工要求的前提下，可以对加工用设备进行适当的调整。实地考察所在学校的模具制造车间和机加工车间，将收集的设备基本信息填写在表 1—4—3 中。

表 1—4—3　设备基本信息表

设备名称	加工特点和范围	加工精度	所在车间

7. 选择冷冲压模具零件的加工设备时，应考虑哪些因素?

8. 在安排冷冲压模具零件加工时，应从哪些方面来确定各个零件加工的先后顺序?

9. 小组讨论并确定链板模具各零件的加工顺序，并结合本校的设备情况，选择各零件所用的加工设备和加工地点，填入表1—4—4。

表1—4—4　　链板模具零件加工所用设备和加工地点

加工顺序号	零件序号	零件名称	所用设备名称	加工地点

10. 企业生产模具时，生产人员常采用小组协作的形式，依据制造派工单，按模具生产流程分阶段工作，最终完成模具的生产任务。小组讨论并细化链板模具制造流程，制定本组工作计划。

评价与分析

学习活动过程评价表

<table>
<tr><td>班级</td><td></td><td>姓名</td><td></td><td>学号</td><td></td><td>日期</td><td>年　月　日</td></tr>
<tr><td>序号</td><td colspan="5">评价要点</td><td>配分</td><td>得分</td><td>总评</td></tr>
<tr><td>1</td><td colspan="5">能判断冷冲压模具的生产类型及其特点</td><td>5</td><td></td><td rowspan="11">A□（86～100）
B□（76～85）
C□（60～75）
D□（60 以下）</td></tr>
<tr><td>2</td><td colspan="5">能说出模具制造的生产过程</td><td>5</td><td></td></tr>
<tr><td>3</td><td colspan="5">能说出冷冲压模具的制造流程</td><td>5</td><td></td></tr>
<tr><td>4</td><td colspan="5">能说出影响模具生产周期的因素</td><td>5</td><td></td></tr>
<tr><td>5</td><td colspan="5">能区分模具的标准件和非标准件</td><td>10</td><td></td></tr>
<tr><td>6</td><td colspan="5">能合理选用加工设备</td><td>10</td><td></td></tr>
<tr><td>7</td><td colspan="5">能正确安排链板模具零件的加工顺序</td><td>15</td><td></td></tr>
<tr><td>8</td><td colspan="5">能合理制定链板模具工作计划</td><td>20</td><td></td></tr>
<tr><td>9</td><td colspan="5">能遵守劳动纪律</td><td>5</td><td></td></tr>
<tr><td>10</td><td colspan="5">能积极参与小组讨论，运用专业术语与其他人讨论、交流</td><td>15</td><td></td></tr>
<tr><td>11</td><td colspan="5">能虚心接受他人意见，并及时改正</td><td>5</td><td></td></tr>
<tr><td>小结
建议</td><td colspan="8"></td></tr>
</table>

学习活动 5　工作总结、成果展示、经验交流

学习目标

1. 能采用多种形式进行成果展示。
2. 能有效地进行工作总结与经验交流。
3. 能完善链板模具制造的工作计划。

建议学时：4 学时。

学习准备

链板模具制造工作计划、展示用设备。

学习过程

1. 独立制作一份 PPT，归纳在本学习任务中学到的专业知识和专业技能。

2. 小组讨论并设计一个工作成果展示方案，简要记录在下面。

3. 与其他组比较，在以下几方面中，本组哪个方面做得较好，哪个方面有待改进？

（1）工作计划的完整性与呈现形式：

（2）工作计划安排的合理性：

（3）成果展示的形式：

（4）工作总结的撰写（逻辑结构、文字表述、主题突出等）：

4. 结合教师对小组工作总结和成果展示的点评，完善本组工作计划。

评价与分析

学习活动过程自评表

班级		姓名		学号		日期	年　月　日		
评价指标	评价要素				权重	等级评定			
						A	B	C	D
信息检索	能有效利用网络资源、技术手册等查找有效信息				5%				
	能用自己的语言有条理地去解释、阐述所学知识				5%				
	能将查找到的信息有效转换到工作中				5%				
感知工作	能熟悉工作岗位，认同工作价值				5%				
	在工作中，能获得满足感				5%				
参与状态	能与教师、同学相互尊重、理解，平等相待				5%				
	能与教师、同学保持多向、丰富、适宜的信息交流				5%				
	探究学习、自主学习不流于形式，能处理好合作学习和独立思考的关系，做到有效学习				5%				
	能提出有意义的问题，或能发表个人见解；能按要求正确操作；能做到倾听、协作、分享				5%				
	积极参与，能在计划制定过程中不断学习，提高综合运用信息技术的能力				5%				
学习方法	工作计划、操作技能符合规范要求				5%				
	能获得进一步发展的能力				5%				
工作过程	能遵守管理规程，操作过程符合现场管理要求				5%				
	平时上课的出勤情况和每天完成工作任务情况				5%				
	善于多角度思考问题，能主动发现、提出有价值的问题				5%				
思维状态	能发现问题、提出问题、分析问题、解决问题、创新问题				5%				

续表

班级		姓名		学号		日期	年　月　日		
评价指标	评价要素				权重	等级评定			
						A	B	C	D
自评反馈	能按时、保质完成学习任务				5%				
	能较好地掌握专业知识点				5%				
	具有较强的信息分析能力和理解能力				5%				
	具有较为全面、严谨的思维能力，并能条理明晰地表述成文				5%				
自评等级									
有益的经验和做法									
总结反思建议									

等级评定：A：好　B：较好　C：一般　D：有待提高

学习活动过程互评表

班级		姓名		学号		日期	年　月　日		
评价指标	评价要素				权重	等级评定			
						A	B	C	D
信息检索	能有效利用网络资源、技术手册等查找有效信息				6%				
	能用自己的语言有条理地去解释、阐述所学知识				6%				
	能将查找到的信息有效地转换到工作中				6%				
感知工作	能熟悉自己的工作岗位，认同工作价值				6%				
	在工作中，能获得满足感				6%				
参与状态	能与教师、同学相互尊重、理解，平等相待				6%				
	能与教师、同学保持多向、丰富、适宜的信息交流				6%				

续表

班级		姓名		学号		日期	年　月　日		
评价指标	评价要素				权重	等级评定			
						A	B	C	D
参与状态	能处理好合作学习和独立思考的关系，做到有效学习				6%				
	能提出有意义的问题，或能发表个人见解；能按要求正确操作；能做到倾听、协作、分享				6%				
	积极参与，能在计划制定过程中不断学习，综合运用信息技术的能力提高较大				6%				
学习方法	工作计划、操作技能符合规范要求				6%				
	能获得进一步发展的能力				6%				
工作过程	能遵守管理规程，操作过程符合现场管理要求				6%				
	平时上课的出勤情况和每天完成工作任务情况				6%				
	善于多角度思考问题，能主动发现、提出有价值的问题				6%				
思维状态	能发现问题、提出问题、分析问题、解决问题、创新问题				6%				
互评反馈	能严肃、认真地对待互评				4%				
互评等级									
简要评述									

等级评定：A：好　B：较好　C：一般　D：有待提高

学习活动过程教师评价表

班级			姓名		学号		权重	评价
知识策略	知识吸收	能设法记住所学的内容					3%	
		能使用多种手段，通过网络、技术手册等收集到较多的有效信息					3%	
	知识构建	能自觉寻求不同工作任务之间的内在联系					3%	
	知识应用	能将学习到的内容应用到解决实际问题中					3%	

续表

班级			姓名	学号	权重	评价
工作策略	兴趣取向	对课程本身感兴趣，能熟悉自己的工作岗位，认同工作价值			3%	
	成就取向	学习的目的是获得高水平的成绩			3%	
	批判性思考	谈到或听到一个推论或结论时，能考虑到其他可能的答案			3%	
管理策略	自我管理	若不能很好地理解学习内容，能设法找到该任务相关的其他资讯			3%	
	过程管理	能正确回答工作页中及教师提出的问题			3%	
		能根据提供的材料、工作页和教师的指导进行有效学习			3%	
		针对工作任务，能反复查找资料、反复研讨，编制有效的工作计划			3%	
		在工作过程中，能留有研讨记录			3%	
		在团队合作中，能主动承担并完成任务			3%	
	时间管理	能有效地组织学习时间，按时、保质完成学习任务			3%	
	结果管理	在学习过程中能获得满足、成功与喜悦等体验，对后续学习更有信心			3%	
		能根据研讨内容，对知识、步骤、方法进行合理的修改和应用			3%	
		课后能积极、有效地进行学习的自我反思，总结学习心得			3%	
		规范撰写工作总结，能进行经验交流与工作反馈			3%	
过程状态	交往状态	与教师、同学交流时，能做到语言得体、彬彬有礼			3%	
		能与教师、同学保持多向、丰富、适宜的信息交流和合作			3%	
	思维状态	能用自己的语言有条理地去解释、阐述所学知识			3%	
		善于多角度思考问题，能主动提出有价值的问题			3%	
	情绪状态	能自我调控学习情绪，能随着教学进程或解决问题的全过程而产生不同的情绪变化			3%	
	生成状态	能总结当堂学习所得，或提出深层次的问题			3%	

续表

班级		姓名		学号		权重	评价
过程状态	组内合作过程	能明确任务目标、分工，并积极组织或参与小组工作				3%	
		积极参与小组讨论，并能充分地表达自己的思想或意见				3%	
		能采取多种形式展示本小组的工作成果，并进行交流反馈				3%	
		对其他组提出的疑问能做出积极、有效的回答				3%	
		认真听取其他组的汇报发言，并能大胆质疑，提出不同意见或更深层次的问题				3%	
	工作总结	能规范撰写工作总结				3%	
自评	综合评价	能严肃、认真地对待自评				5%	
互评	综合评价	能严肃、认真地对待互评				5%	
总评等级							
建议	评定人：（签名）　　年　月　日						

等级评定：A：好　B：较好　C：一般　D：有待提高

学习任务总体评价

1．展示评价

把个人的工作计划先进行分组展示，再由小组推荐代表作必要的介绍。在展示的过程中，以小组为单位进行评价；评价完成后，根据其他组成员对本组展示的成果评价意见进行归纳总结。完成如下项目：

（1）展示的工作计划符合链板模具制造的要求吗？

符合□　　　不符合□　　　需要调整□

（2）与其他组相比，评判一下本组的工作计划：

优化□　　　合理□　　　一般□

（3）本组介绍成果表达是否清晰？

很好□　　　一般，常补充□　　　不清晰□

（4）本组的成员团队创新精神如何?

良好□　　　　一般□　　　　不足□

2. 教师点评和总结

（1）针对展示过程中各组的优点进行点评。

（2）针对展示过程中各组的缺点进行点评，提出改进方法。

（3）总结整个任务完成过程中出现的亮点和不足。

将本组的点评要点记录在下面。

3. 综合评价

指导教师：(签名)　　　　年　　月　　日

学习任务二　加工链板模具的凸凹模

1. 能读懂凸凹模零件加工工艺卡，说出凸凹模加工工艺过程，写出加工步骤。

2. 能根据凸凹模的工作要求，制定其热处理工艺过程，完成热处理操作，达到热处理要求。

3. 能按安全生产操作规程，对数控线切割机床进行日常维护保养。

4. 能根据零件图和加工工艺卡，编制凸凹模线切割程序，并操作数控线切割机床，加工凸凹模。

5. 能根据凸凹模加工精度要求，检测凸凹模的线切割加工质量。

120 学时。

接到链板模具凸凹模的生产派工单，按照凸凹模零件图（图 1—0—4）及其加工工艺卡（表 2—0—1），加工凸凹模。

<table>
<tr><td colspan="5">

生产派工单

单号：001 开单部门：______ 开单人：______

开单时间：______年___月___日___时___分 接单人：___部___小组___（签名）</td></tr>
<tr><td colspan="5">以下由开单人填写</td></tr>
<tr><td>产品名称</td><td>凸凹模</td><td>完成工时</td><td colspan="2">60 工时</td></tr>
<tr><td>产品技术要求</td><td colspan="4">按零件图加工，满足使用功能要求</td></tr>
<tr><td colspan="5">以下由接单人和确认方填写</td></tr>
<tr><td>领取材料（含消耗品）</td><td colspan="2"></td><td rowspan="2">成本核算</td><td rowspan="2">金额合计：
仓管员（签名）
年 月 日</td></tr>
<tr><td>领用工具</td><td colspan="2"></td></tr>
<tr><td>操作者检测</td><td colspan="2"></td><td colspan="2">（签名）
年 月 日</td></tr>
<tr><td>班组检测</td><td colspan="2"></td><td colspan="2">（签名）
年 月 日</td></tr>
<tr><td>质检员检测</td><td colspan="2"></td><td colspan="2">（签名）
年 月 日</td></tr>
<tr><td rowspan="4">生产数量统计</td><td>合格</td><td colspan="3"></td></tr>
<tr><td>不良</td><td colspan="3"></td></tr>
<tr><td>返修</td><td colspan="3"></td></tr>
<tr><td>报废</td><td colspan="3"></td></tr>
</table>

表 2—0—1

凸凹模加工工艺卡

×××模具厂		加工工艺卡	产品名称	链板模具		图号	×××××	
			零件名称	凸凹模		数量	1	第 1 页
材料牌号	Cr12	毛坯种类	棒料	毛坯尺寸		50 mm×50 mm		共 1 页
工序号	工序名称	工序内容	车间	设备	工艺装备		计划工时（min）	实际工时（min）
					夹具、刃具	量具		
1	铣削	铣削凸凹模上下端面	机加工	铣床	立铣刀	游标卡尺	10	
2	钻削	钻 M5 底孔 $\phi4.2$ mm、$2\times\phi7$ mm 孔	机加工	钻床	平口钳，$\phi4.2$ mm、$\phi7$ mm 麻花钻	游标卡尺	50	
3	钳加工	攻 M5 螺纹	钳加工		丝锥、虎钳		10	
4	钳加工	去毛刺	钳加工		板锉、什锦锉	外径千分尺	5	
5	热处理	淬火	热处理	加热炉		洛氏硬度计	130	
6	热处理	低温回火	热处理	加热炉、保温箱		洛氏硬度计	150	
7	线切割	线切割凸凹模外形及 $2\times\phi6.084_{0}^{+0.018}$ mm 孔（与图 1—0—5 所示圆凸模配合）	机加工	数控线切割机床	钼丝	外径千分尺	180	
8	钳加工	打磨凸凹模外形	钳加工		油石		60	
9	检验	按零件图要求检查				外径千分尺、内径千分尺	5	
标记	更改号	更改者	日期	设计（日期）	校正（日期）	审核（日期）	批准（日期）	

工作流程与活动

领取链板模具凸凹模的生产派工单、零件图和加工工艺卡；通过识读零件图和加工工艺卡片，了解凸凹模的加工要求，通过查阅机械加工工艺手册，了解凸凹模材料的切削性能和力学性能，通过小组讨论，确定凸凹模的加工方法和加工步骤；采用钳加工、机加工方法加工凸凹模毛坯；查阅模具材料及热处理手册，制定热处理方案，完成热处理；根据凸凹模材料及工作要求、零件图要求，编制线切割加工程序，操作数控线切割机床完成凸凹模加工；根据零件图的要求，选用正确的量具，检验凸凹模线切割加工质量；加工中按要求规范地填写生产派工单；按照数控线切割机床保养要求，完成其日常的维护保养工作；按现场管理规范，打扫场地，归置物品；按环保要求处置加工废屑、废油液。任务完成后，写出工作总结，进行经验交流。

学习活动 1　接受工作任务、明确工作要求（8 学时）

学习活动 2　凸凹模热处理（22 学时）

学习活动 3　操作与维护保养数控线切割机床（10 学时）

学习活动 4　编制凸凹模线切割加工程序（44 学时）

学习活动 5　线切割加工凸凹模（32 学时）

学习活动 6　工作总结、成果展示、经验交流（4 学时）

学习活动1　接受工作任务、明确工作要求

学习目标

1. 能说出凸凹模的加工工艺规程的内容。

2. 能判断凸凹模的安装位置，确定冷冲压复合模具的种类。

3. 能根据零件图，确定凸凹模的加工余量。

4. 能根据凸凹模的加工工艺卡，确定其加工方法与加工步骤。

5. 能确定凸凹模毛坯的获取方法。

6. 能根据零件图和加工工艺卡，制定凸凹模加工计划，并制定小组工作计划。

建议学时：8学时。

学习准备

生产派工单、凸凹模零件图、凸凹模加工工艺卡、教材；工作服、工作帽等劳保用品。

学习过程

1. 为保证机械零件的加工质量，生产中都采用加工工艺规程规范零件加工。机械加工工艺规程是规定零部件机械加工工艺过程和操作方法等的工艺文件。查阅相关资料，说说：

（1）机械加工工艺规程包含哪些文件？机械加工工艺规程在模具生产中有哪些作用？

（2）凸凹模的加工工艺规程包括哪些必要的文件？

2.（1）根据工作零件的安装位置分类，复合模可以分为正装式复合模和倒装式复合模两种类型。查阅资料，将它们的结构特点、冲压动作特点及适用填入表2—1—1。

表2—1—1　正装式、倒装式复合模的结构特点、冲压动作特点及适用

种类	结构特点	冲压动作特点及适用	图例
正装式复合模	上模安装______________ 下模安装______________	冲孔冲下来的废料会__________，每冲压一次，________（需要/不需要）操作者要把废料清理出去 适用于冲压孔与外形尺寸______的制件	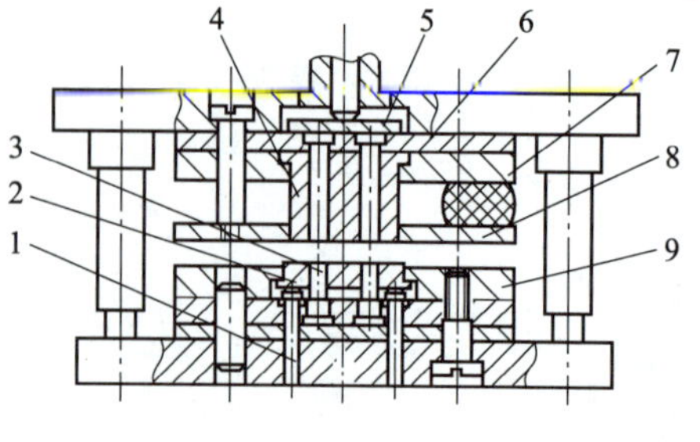 1—顶杆　2—顶块　3—凸模　4—凸凹模　5—推板 6—推杆　7—橡胶　8—卸料板　9—凹模

续表

种类	结构特点	冲压动作特点及适用	图例
倒装式复合模	上模安装__________________ 下模安装__________________	冲孔冲下来的废料会________________，每冲压一次，_________（需要/不需要）操作者要把废料清理出去 适用于冲压平整度要求______、孔尺寸_______的制件	1—凸凹模　2—凸模　3—推件块　4—凹模 5—推板　6—推杆

（2）识读链板模具装配图，判断凸凹模在链板模具中的安装位置，说说链板模具是正装式复合模还是倒装式复合模。

3. 冷冲压模具加工出来的零件都遵循以下规律：冲裁件断面都带有锥度，落料件的大端（光面）尺寸等于凹模的尺寸，冲孔料的小端（光面）尺寸等于凸模尺寸；凸模越磨越小，凹模越磨越大，间隙越用约大。

（1）参照上述规律，查阅资料，归纳凸模、凹模刃口尺寸的计算原则，填写下面空白处。

落料模以____模为基准，间隙在____模上，即：

______模$_{基本}$ = 零件外形最____极限尺寸，____模$_{基本}$ = ______模—最小间隙。

冲孔模以____模为基准，间隙在______模上，即：

______模$_{基本}$ = 零件孔最____极限尺寸，____模$_{基本}$ = ______模 + 最小间隙。

（2）在冷冲压冲孔模具和落料模具中，被加工零件上孔的尺寸和是由凸模还是凹模尺寸决定的？

(3) 在冷冲压落料模具中，被加工零件的外形尺寸是由凸模还是凹模尺寸决定的?

4. 仔细识读链板模具的凸凹模零件图，小组讨论，并完成下列问题。

(1) 写出链板凸凹模零件图中凸模尺寸。这些尺寸对链板尺寸精度有何影响?

(2) 写出链板凸凹模零件图中凹模尺寸。这些尺寸对链板尺寸精度有何影响?

5. 仔细识读凸凹模零件图和加工工艺卡，想一想:

(1) 加工余量的确定与哪些因素有关?

（2）从毛坯加工至凸凹模零件图要求时，加工余量有多少?

（3）凸凹模上的 $2\times\phi6.084_{0}^{+0.018}$ mm 孔需要与图 1—0—5 所示圆凸模配作。应如何确定两孔的加工余量?（提示：圆凸模可以外购标准件，然后根据图 1—0—5 所示截取所需长度，并对外圆进行配磨。）

6．获取零件毛坯的常用方法有哪些? 凸凹模零件的毛坯应该采用哪种方法获得?

7．根据凸凹模的零件图和加工工艺卡，拟定凸凹模加工计划，并填入表 2—1—2。

表 2—1—2　　凸凹模加工计划

序号	开始时间	结束时间	工作内容	工作要求	备注

续表

序号	开始时间	结束时间	工作内容	工作要求	备注

8．小组内交流各组员初拟的凸凹模零件加工计划，小组讨论并确定本组工作计划。

评价与分析

学习活动过程评价表

班级		姓名		学号		日期	年　月　日
序号	评价要点				配分	得分	总评
1	能说出凸凹模的加工工艺规程的内容				10		A□（86～100） B□（76～85） C□（60～75） D□（60 以下）
2	能识读凸凹模安装位置，判断冷冲压复合模具的正装、倒装结构类型				5		
3	能写出凸模、凹模零件尺寸的计算原则，说出凸凹模的作用				10		
4	能说出凸模、凹模尺寸的影响因素				10		
5	能说出影响凸凹模毛坯余量大小的因素				15		
6	能说出凸凹模零件毛坯的获取方法				5		
7	能制定合理的凸凹模加工计划、小组工作计划				25		
8	能遵守劳动纪律，以积极的态度接受工作任务				5		
9	能积极参与小组讨论，运用专业术语与其他人讨论、交流				10		
10	能虚心接受他人意见，并及时改正				5		
小结建议							

学习活动2　凸凹模热处理

学习目标

1. 能说出凸凹模进行热处理工序前的加工工序及原因。

2. 能说出热处理工艺的常用方法及作用。

3. 能根据淬火方法、回火方法，正确制定凸凹模的淬火工艺、回火工艺。

4. 能正确选择凸凹模的热处理设备，并根据链板凸凹模热处理工艺，在教师指导下完成热处理操作。

5. 能正确检验凸凹模热处理质量，分析其质量问题，提出预防措施，并改进。

建议学时：22学时。

学习准备

热处理设备、洛氏硬度机；生产派工单、凸凹模零件图、凸凹模加工工艺卡、金属材料热处理手册、教材；工作服、工作帽等劳保用品，安全生产警示标识。

学习过程

1. 认真阅读凸凹模加工工艺卡，说一说：在进行热处理工序前，应完成对凸凹模的哪些加工工序？为什么？

2. 凸凹模是链板模具的工作零件。其刃口要承受垂直压力、侧面挤压力和刃口部分的摩擦力等，即凸凹模在工作中承受拉深、压缩、弯曲、冲击、疲劳、摩擦等机械力的作用，容易发生断裂、磨损、变形、咬合等现象。这些都会造成冷冲压模具的报废。为了保证冲压质量和冲压次数，尤其要保证凸凹模不被镦粗和弯曲，刃口不易变形和磨损。

（1）凸凹模的工作要求需要其具备哪些力学性能?

（2）经过机加工、钳加工（工序1～工序4）的凸凹模的力学性能是否满足模具的工作要求?

（3）58～62HRC表示什么硬度指标？应该使用哪种硬度测量仪器进行测量?

3.（1）什么是钢的热处理？钢的热处理的重要作用是什么?

（2）在表 2—2—1 中列出常用的普通热处理工艺。其含义、作用分别是什么?

表 2—2—1　　常用的普通热处理工艺的含义及其作用

工艺名称	含义	作用
淬火	是将金属工件加热到某一适当温度并保持一段时间，随即浸入淬冷介质中快速冷却的金属热处理工艺	
回火		
退火		
正火		

4．凸凹模进行淬火热处理。

（1）凸凹模为什么要进行淬火热处理?

（2）常用的淬火冷却方法有哪几种？确定凸凹模的淬火冷却方法。

（3）在钢的淬火加热过程中，如果操作不当，钢会产生过热、过烧或表面氧化、脱碳等缺陷。什么是淬火过程中的过热、过烧、表面氧化、脱碳？

过热：

过烧：

表面氧化：

脱碳：

5. 淬火的工艺过程是什么？确定链板凸凹模的淬火工艺过程。

6. 凸凹模在淬火热处理后，进行回火热处理。

（1）凸凹模淬火后再进行回火的目的是什么？

（2）查阅金属材料热处理的相关资料，说说：常用的回火方法有哪几种？并按照表2—2—2所列填写回火方法的有关内容。

表2—2—2 常用回火方法的主要信息

回火方法	回火温度（℃）	回火组织	回火后硬度	适用范围
______回火		回火马氏体	____～____ HRC	适用于要求__________和____的工具和零件，如___________、__________、_________、_________、________等
______回火		回火______体	____～____HRC	适用于要求________和一定_____的______元件、____________等
______回火		回火______体	____～____HBW	要求______________的重要受力零件，如________、________、________、________等

（3）确定链板模具凸凹模采用的回火方法。

7. 回火的工艺过程是什么？确定链板凸凹模的回火工艺过程。

8. 金属材料进行热处理时所使用的重要设备就是热处理炉。热处理炉是对金属工件进行各种金属热处理的工业炉的统称。常用的热处理炉的形式如图 2—2—1 所示。它们分别用于不同批量或类型零件的热处理。

（1）查阅金属热处理资料，填写下列空白。

箱式炉适用于______批量的____________零件的热处理，属于多用途的热处理炉，如淬火、渗碳等。

井式加热炉适用于____________________________零件的热处理。

浴炉适用于________________零件的热处理。

辊底炉适合____批量的________________的热处理。

推杆炉和传送带式电阻炉适用于____批量的________零件的热处理。

图 2—2—1　常用热处理炉

（2）收集所在学校的热处理炉的信息，记录它们的类型、性能。

(3) 确定凸凹模热处理工艺使用的热处理炉类型。

9. 在对零件进行热处理时，应注意哪些事项?

10. 在教师的指导下，按制定的热处理工艺完成凸凹模热处理工序，并记录:

(1) 凸凹模淬火热处理操作过程及完成时间。

(2) 凸凹模回火热处理操作过程及完成时间。

11. 检测热处理后的凸凹模，查阅金属材料热处理的相关资料，小组讨论并填写表2—2—3。

（1）判断并记录凸凹模热处理质量的检测结果。

（2）分析产生缺陷的原因。

（3）讨论并提出相应的预防措施，予以改进。

表 2—2—3　凸凹模热处理质量的检测结果、产生缺陷的原因及预防措施

检测项目	检测结果	产生缺陷的原因	预防措施
零件有无变形			
零件有无裂纹			
有无过热、过烧、氧化与脱碳现象			
零件硬度是否达到 58～62HRC			
零件硬度是否均匀			

评价与分析

学习活动过程评价表

<table>
<tr><td>班级</td><td></td><td>姓名</td><td></td><td>学号</td><td></td><td>日期</td><td>年　月　日</td></tr>
<tr><td>序号</td><td colspan="5">评价要点</td><td>配分</td><td>得分</td><td>总评</td></tr>
<tr><td>1</td><td colspan="5">能正确阅读凸凹模加工工艺卡，收集和分析热处理工序前凸凹模的加工工序信息</td><td>10</td><td></td><td rowspan="11">A□（86～100）
B□（76～85）
C□（60～75）
D□（60 以下）</td></tr>
<tr><td>2</td><td colspan="5">能正确选择凸凹模的热处理方法</td><td>10</td><td></td></tr>
<tr><td>3</td><td colspan="5">能合理安排凸凹模热处理工艺</td><td>15</td><td></td></tr>
<tr><td>4</td><td colspan="5">能确定凸凹模的淬火冷却方法</td><td>15</td><td></td></tr>
<tr><td>5</td><td colspan="5">能正确说出低温回火、中温回火和高温回火的温度</td><td>10</td><td></td></tr>
<tr><td>6</td><td colspan="5">能规范操作，完成对凸凹模的热处理，热处理后力学性能达到零件图要求</td><td>10</td><td></td></tr>
<tr><td>7</td><td colspan="5">能说出常用热处理炉的种类及应用，并正确选择合适的热处理炉</td><td>5</td><td></td></tr>
<tr><td>8</td><td colspan="5">能检测凸凹模的热处理质量，找出产生缺陷的原因，提出预防措施，并改进</td><td>5</td><td></td></tr>
<tr><td>9</td><td colspan="5">能遵守劳动纪律</td><td>5</td><td></td></tr>
<tr><td>10</td><td colspan="5">能积极参与小组讨论，运用专业术语与其他人讨论、交流</td><td>10</td><td></td></tr>
<tr><td>11</td><td colspan="5">能虚心接受他人意见，并及时改正</td><td>5</td><td></td></tr>
<tr><td>小结
建议</td><td colspan="8"></td></tr>
</table>

学习活动3　操作与维护保养数控线切割机床

学习目标

1. 能说出电火花加工原理。

2. 能说出数控线切割机床的各部分名称和型号的含义、工作原理、特点及应用。

3. 能按照操作规范，进行数控线切割机床的开机、关机操作。

4. 能说出钼丝的种类，根据影响因素正确选择凸凹模加工的钼丝直径，并规范操作，完成数控线切割机床的钼丝安装。

5. 能按数控线切割机床的维护保养要求，进行日常维护保养操作，并正确调配工作液。

建议学时：10学时。

学习准备

数控线切割机床；压板、活扳手、电极丝、紧丝轮；教材、数控线切割加工的视频资料；工作服、工作帽等劳保用品，安全生产警示标识。

学习过程

单件模具零件加工常使用数控机床（如数控线切割机床），可以保证模具工作零件的精度。数控线切割机床是数控电火花加工的一种常用机床。

1. 电火花加工是利用浸在工作液中的两极间脉冲放电时产生的电蚀作用蚀除导电材料的特种加工方法，又称放电加工或电蚀加工。参考图 2—3—1 所示，说说：电火花加工的基本工作原理是什么?

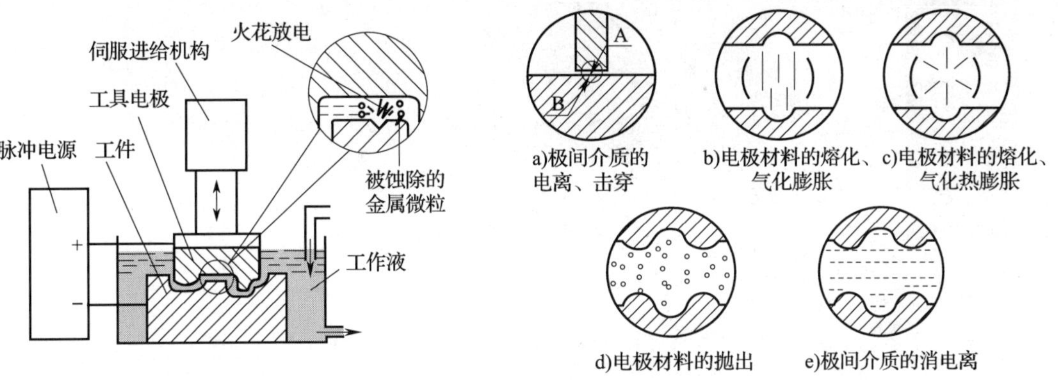

图 2—3—1　电火花加工原理

2. 查阅数控线切割机床相关资料，完成下列问题：

(1) 写出图 2—3—2 所示数控线切割机床的各部分名称。

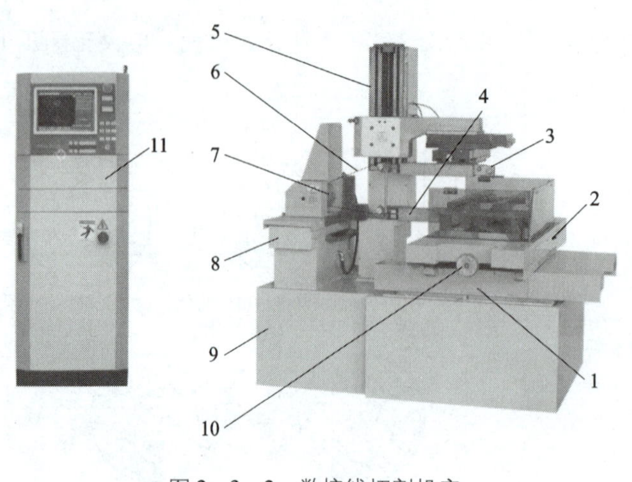

图 2—3—2　数控线切割机床

1— ______________

2— ______________

3— ______________

4— ______________

5— ______________

6— ______________

7— ______________

8— ______________

9— ______________

10— ______________

11— ______________

（2）填写下列数控线切割机床型号的含义。

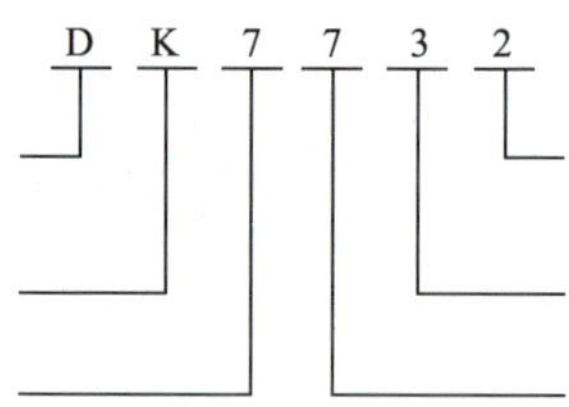

3.（1）仔细观察图 2—3—3，并查阅相关资料，说说：数控线切割机床的加工原理和特点是什么?

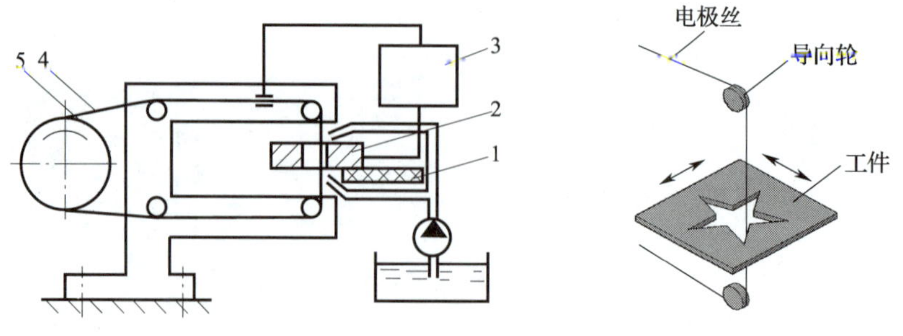

图 2—3—3　数控线切割机床的加工原理

1—绝缘底板　2—工件　3—脉冲电源　4—电极丝　5—滚丝筒

（2）观察图 2—3—4 所示的零件，想一想数控线切割机床常用来加工什么样的零件?

图 2—3—4　数控线切割加工的零件

4．按照数控线切割机床的开机、关机操作步骤，填写下列空白。

（1）开机操作

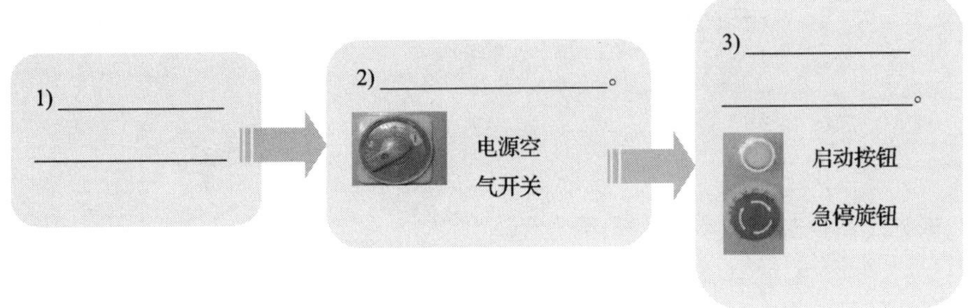

（2）关机操作

1）

2）

3）

5. 根据数控线切割机床的工作原理可知，电极丝代替了传统数控加工的切削刀具。查阅数控线切割机床的相关资料，回答有关电极丝的下列问题：

（1）数控线切割机床按电极丝走丝速度分成几类？各自采用什么材质的电极丝？

（2）数控线切割机床常用钼丝的直径有哪些？钼丝直径大小对加工有什么影响？如何选择？

（3）根据凸凹模加工要求选定钼丝直径。

6. 观看数控线切割机床的操作视频，记录钼丝安装步骤。

7. 本组在安装钼丝的过程中出现了哪些问题？小组讨论，提出这些问题的解决方法，并重新完成钼丝的安装。

8. 要保证数控线切割机床的生产正常，应做好日常的维护保养工作。

（1）每天在使用数控线切割机床后，应该进行哪些常规的维护工作？

（2）记录完成数控线切割机床的日常维护工作的步骤。

9. 数控线切割机床所使用的工作液需要定期更换。

（1）数控线切割机床所使用工作液的作用是什么？它需要满足哪些性能要求？

（2）按照工作液调配说明书调配工作液，记录调配工作液的操作步骤及注意事项。

评价与分析

学习活动过程评价表

班级		姓名		学号		日期	年　月　日
序号	评价要点				配分	得分	总评
1	能说出数控电火花加工的基本原理				10		A□（86～100） B□（76～85） C□（60～75） D□（60 以下）
2	能说出数控线切割机床的组成，识读数控线切割机床代号				5		
3	能说出数控线切割机床的工作原理、特点及应用				10		
4	能正确操作数控线切割机床开机、关机				10		
5	能正确选择钼丝的直径				10		
6	能记录数控线切割机床操作视频的重点，按规范要求安装钼丝				10		
7	能完成对数控线切割机床的日常维护保养				10		
8	能完成工作液的调配和更换工作				10		
9	能遵守劳动纪律				5		
10	能积极参与小组讨论运用专业术语与其他人讨论、交流				10		
11	能虚心接受他人意见，并及时改正				10		
小结建议							

学习活动4　编制凸凹模线切割加工程序

学习目标

1. 能判断数控线切割机床坐标系坐标轴的方向。

2. 能确定凸凹模轮廓点的坐标。

3. 能确定线切割加工的放电间隙、偏移量、偏移方向等参数，并确定加工凸凹模的电极丝的中心轨迹。

4. 能使用CAD软件绘制凸凹模图形。

5. 能按程序格式正确书写程序代码，并编制凸凹模的线切割加工程序。

建议学时：44学时。

学习准备

数控线切割机床；凸凹模零件图、凸凹模加工工艺卡、数控线切割机床手册、教材；工作服、工作帽等劳保用品，安全生产警示标识。

学习过程

1. 利用笛卡尔坐标系判断数控线切割机床的加工方向。

（1）在图2—4—1所示笛卡尔坐标系中，标注出坐标轴及其正负方向。在数控机床中常采用什么方法来判断进给方向？

（2）在图 2—4—2 所示数控线切割机床上标出 *X*、*Y*、*Z* 轴的正负方向。

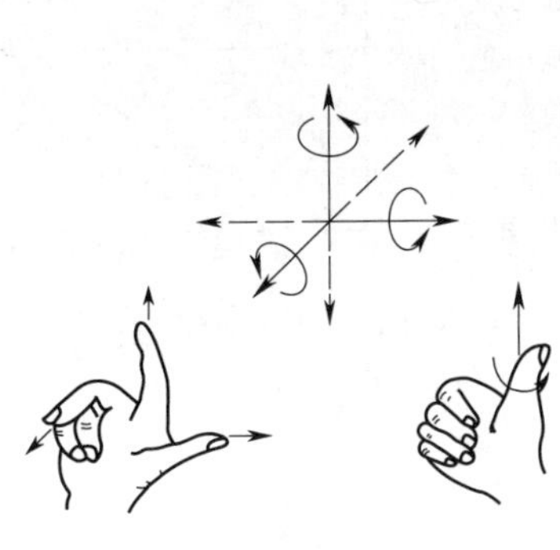

图 2—4—1　笛卡尔坐标系

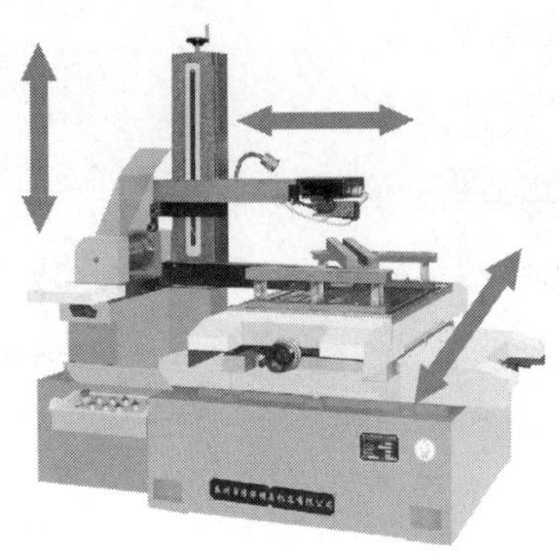

图 2—4—2　数控线切割机床

2. 数控线切割机床在加工零件时，钼丝按给定的一系列坐标值进行运动。这些坐标值可以采用绝对坐标或增量坐标表示。

（1）什么是绝对坐标系？什么是增量坐标系？

（2）坐标值的单位是什么？与毫米的换算关系是怎样的？

（3）分别用绝对坐标系和增量坐标系，写出图 2—4—3 所示 *A* 点和 *B* 点的坐标值。

1）绝对坐标系

A 点绝对坐标值：

B 点绝对坐标值：

2）增量坐标系

A 点增量坐标值：

B 点增量坐标值：

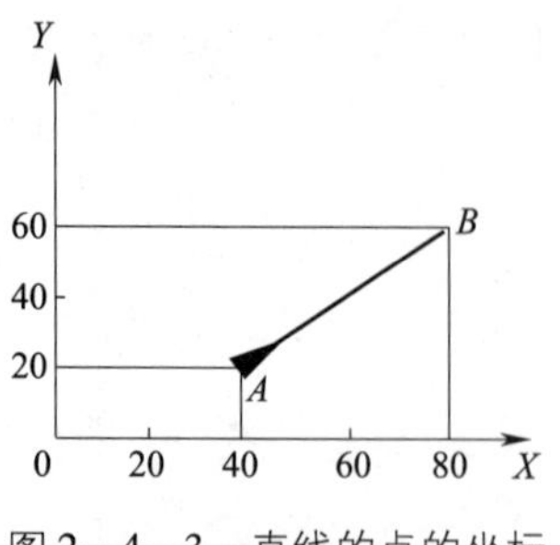

图 2—4—3　直线的点的坐标

3. 数控线切割所加工的零件大多数具有复杂的轮廓线（由直线、弧线组成），需要通过线的坐标点来确定加工路线。

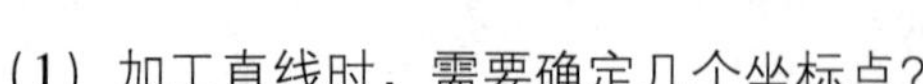

（1）加工直线时，需要确定几个坐标点?

（2）加工圆弧时，需要确定几个坐标点? 以图 2—4—4 所示为例，加工从 *A* 点到 *B* 点的圆弧，确定其坐标点的值。并在图 2—4—4 上标注点的位置。

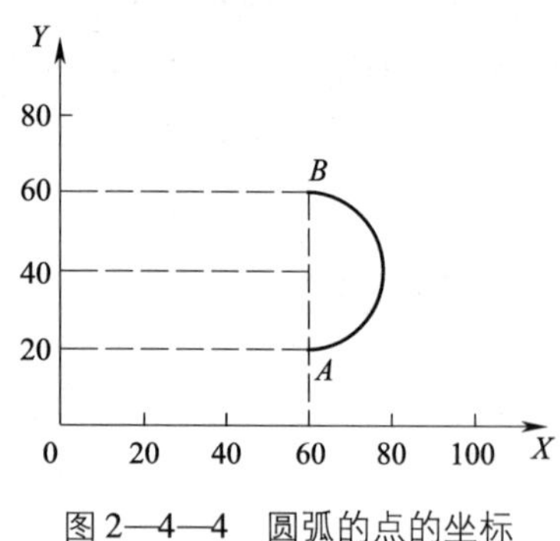

图 2—4—4　圆弧的点的坐标

（3）列出编制凸凹模线切割加工程序所需轮廓点的坐标。

4. 查阅数控线切割的相关资料，说说：

（1）什么是放电间隙、单边放电间隙？

（2）如何选择放电间隙的大小？

（3）确定凸凹模线切割加工时的放电间隙。

5. 查阅数控线切割的相关资料，说说：

（1）什么是切割加工编程的偏移量 f？

（2）偏移量 f 的值与哪些因素有关？

（3）偏移量 f 的方向有哪两种？

（4）观察图 2—4—5a、b，回答：

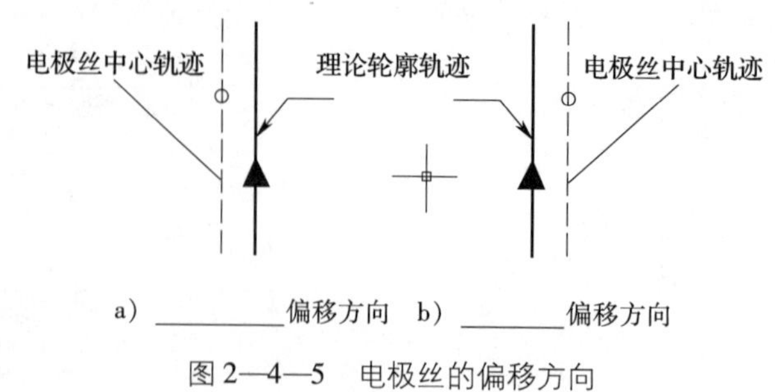

a）________偏移方向　b）_______偏移方向

图 2—4—5　电极丝的偏移方向

在程序中表示图 2—4—5a 所示偏移方向的指令是________________，表示图 2—4—5b 所示偏移方向的指令是____________。

（5）凸凹模加工所需要的偏移量 f 是多少?

（6）绘制凸凹模的电极丝中心轨迹图（自行确定电极丝移动方向）。

6. 在数控线切割机床上加工零件，需要使用数控系统可以识别的、一定格式的机器语言，驱动机床完成加工动作。这种驱动数控线切割机床完成加工动作的机器语言就是数控线切割程序。要完成凸凹模的线切割加工，需要学习和掌握线切割编程。查阅相关资料，完成下列问题：

（1）填写表 2—4—1 所列程序格式的名称及其字符含义。并查阅数控线切割编程与操作的相关资料，填写字符 Z 的分类及具体含义。

表 2—4—1　　　　　＿＿＿＿＿＿编程格式

B	X	B	Y	B	J	G	Z

字符 Z 所代表的指令分为两大类（填写图 2—4—6 的分图名），如图 2—4—6 所示。

＿＿＿＿＿指令按照切割方向分为四种，用字母＿＿＿表示，在图 2—4—6a 所示横线空白处填写相应指令。

＿＿＿＿指令共有八种，按照起点位置分为四种，用字母＿＿＿表示；按照切割走向分为＿＿＿＿和＿＿＿＿，分别用字母＿＿＿和＿＿＿＿表示，在图 2—4—6b 所示横线空白处填写相应指令。

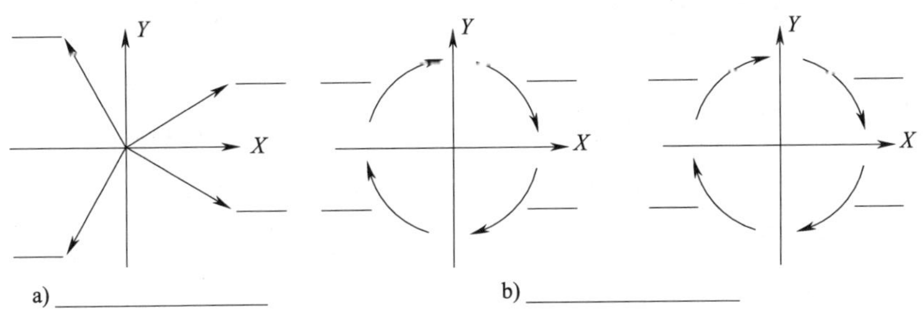

图 2—4—6　字符 Z 所代表的编程指令图示

（2）查阅数控线切割编程与操作的相关资料，填写图 2—4—7 所示编程格式的名称及其字符含义。

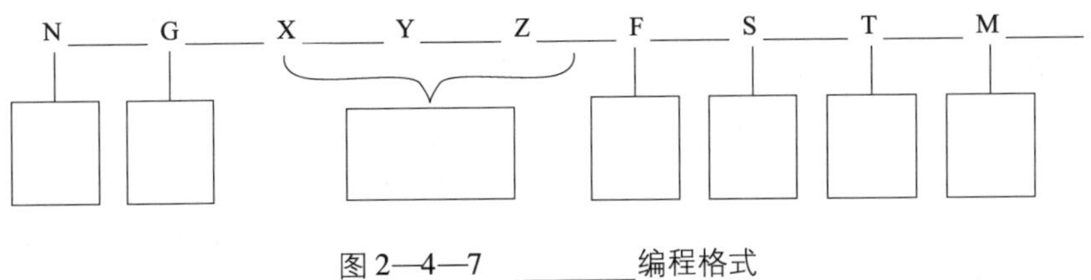

图 2—4—7　＿＿＿＿编程格式

7.（1）查阅数控线切割编程的相关资料，填写表 2—4—2 所列名称对应的代码。

表 2—4—2　　数控线切割编程命令及其代码

名称	代码	名称	代码
直线插补		暂停	
圆弧插补		左补偿	
开机		右补偿	
停机		坐标系选择	

（2）写出下列指令中的参数所代表的含义。

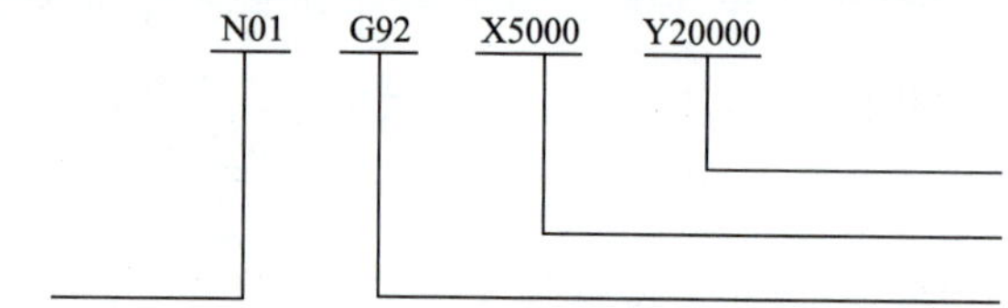

（3）写出下列各指令段的含义。

N00　G91

N01　G92　X5000　Y20000　________

N02　G01　X0　Y－7500　________

N03　X－10000　Y0　________

N04　X0　Y20000　________

N05　X10000　Y0　________

N06　X0　Y－5000　________

N07　G02　X0　Y－15000　I0　J－7500　________

N08　G01　X0　Y7500　________

N09　M02　________

（4）根据上述指令段，在下列坐标上绘出该零件的加工轮廓线。

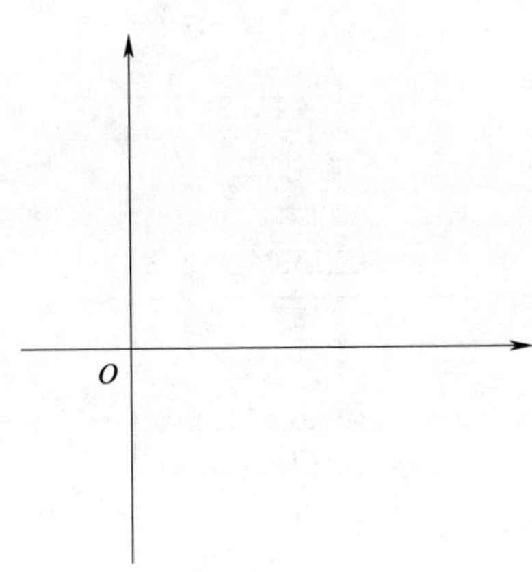

8．使用线切割 CAD 软件绘制凸凹模轮廓，并在下面写出对所绘制轮廓的要求。

9．编制凸凹模的线切割加工程序。（提示：题目下空白不够，可另附页。）

评价与分析

学习活动过程评价表

<table>
<tr><td>班级</td><td>　　　　　姓名　　　　　学号</td><td></td><td>日期</td><td>年　月　日</td></tr>
<tr><td>序号</td><td>评价要点</td><td>配分</td><td>得分</td><td>总评</td></tr>
<tr><td>1</td><td>能正确运用笛卡尔坐标系，判断数控线切割机床坐标轴的正负方向</td><td>5</td><td></td><td rowspan="9">A□（86～100）
B□（76～85）
C□（60～75）
D□（60 以下）</td></tr>
<tr><td>2</td><td>能正确掌握增量坐标值与绝对坐标值表示方法，确定凸凹模轮廓的坐标点</td><td>10</td><td></td></tr>
<tr><td>3</td><td>能正确确定放电间隙</td><td>10</td><td></td></tr>
<tr><td>4</td><td>能正确计算偏移量</td><td>10</td><td></td></tr>
<tr><td>5</td><td>能正确绘制电极丝中心轮廓</td><td>5</td><td></td></tr>
<tr><td>6</td><td>能运用 CAD 按凸凹模零件图绘制其线切割加工轮廓图形</td><td>5</td><td></td></tr>
<tr><td>7</td><td>能说出线切割加工程序的不同编程格式</td><td>5</td><td></td></tr>
<tr><td>8</td><td>能说出线切割加工程序格式的含义，写出程序指令段的含义</td><td>15</td><td></td></tr>
<tr><td>9</td><td>能根据零件图编制凸凹模的线切割加工程序</td><td>20</td><td></td></tr>
<tr><td>10</td><td>能遵守劳动纪律</td><td>5</td><td></td><td></td></tr>
<tr><td>11</td><td>能积极参与小组讨论，运用专业术语与其他人讨论、交流</td><td>5</td><td></td><td></td></tr>
<tr><td>12</td><td>能虚心接受他人意见，并及时改正</td><td>5</td><td></td><td></td></tr>
<tr><td>小结
建议</td><td colspan="4"></td></tr>
</table>

学习活动5　线切割加工凸凹模

学习目标

1. 能确定凸凹模的加工基准，正确地装夹和找正凸凹模。

2. 能根据凸凹模加工要求，选择合适的电加工参数。

3. 能找正钼丝的位置，完成线切割的试切。

4. 能操作线切割机床完成凸凹模的加工。

5. 能检验凸凹模的线切割加工质量，分析产生质量问题的原因，提出改进的措施。

建议学时：32学时。

学习准备

数控线切割机床；凸凹模零件图、凸凹模加工工艺卡、数控线切割机床手册、教材；工作服、工作帽等劳保用品，安全生产警示标识。

学习过程

1. 确定零件线切割加工基准有哪些方法？确定凸凹模线切割加工基准。

2. (1) 查阅数控线切割加工的相关资料，说说：图 2—5—1 所示为数控线切割机床的哪些工件装夹方式（填在图下空白处）？它们各有何应用？

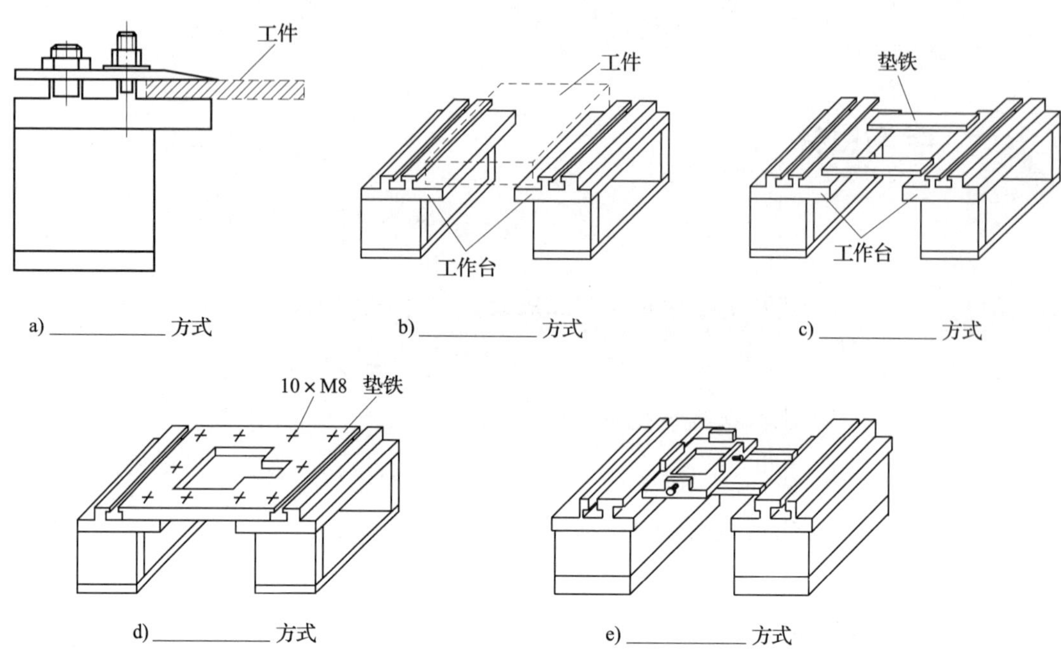

图 2—5—1 常用的线切割装夹方式

（2）凸凹模选用哪种装夹方式？为什么选择这种方式？

3.（1）什么是装夹过程中的找正？其目的是什么？

（2）图 2—5—2 所示为线切割加工中装夹工件常用的找正方法，填写两种方法的名称。查阅数控线切割加工的相关资料，说说这两种工件找正的操作步骤。

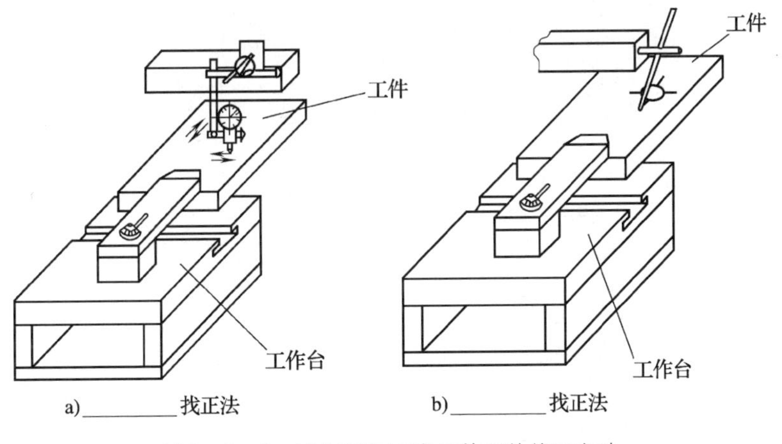

图 2—5—2　线切割加工常用的工件找正方法

4．小组成员轮流进行凸凹模的装夹、找正的操作，讨论并提出凸凹模在装夹中找正的方法和步骤。

5．(1) 线切割加工时，电流、电压与脉冲宽度对加工会产生哪些影响?

（2）小组讨论并确定凸凹模线切割加工时所需的电流、电压与脉冲宽度。

6. （1）线切割的电加工参数主要有哪些?

（2）根据凸凹模的材料及加工要求，选择凸凹模线切割时的电加工参数。

7. 说明图 2—5—3 所示钼丝找正的方法和步骤。

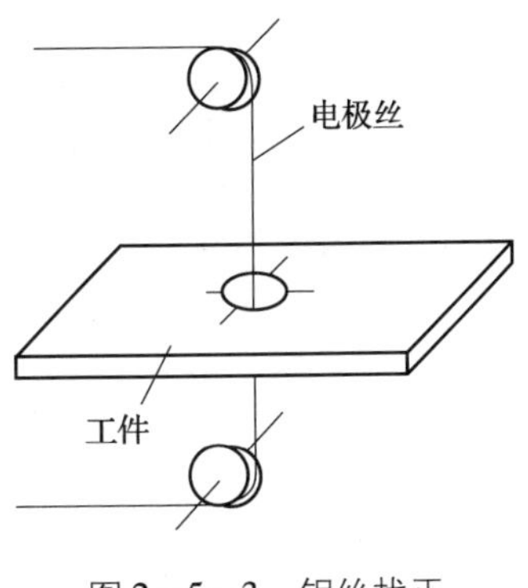

图 2—5—3　钼丝找正

8. 说明图 2—5—4 所示线切割的试切方法和步骤。

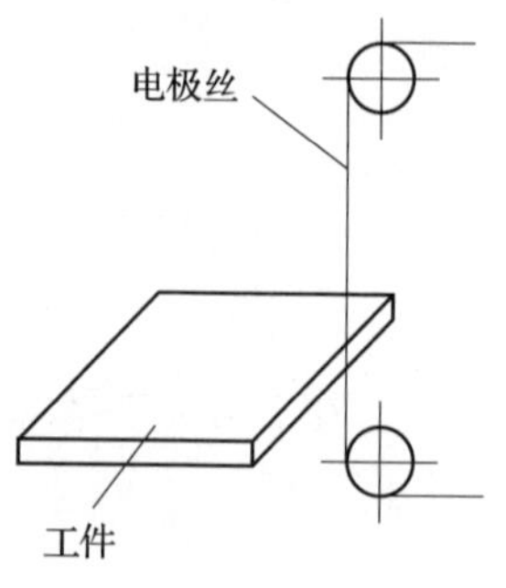

图 2—5—4　线切割试切

9.（1）在教师指导下，完成凸凹模线切割加工。依据凸凹模零件图对凸凹模进行质量检验，并记录检验步骤。

（2）小组讨论凸凹模线切割加工出现的质量问题，分析产生质量问题的原因，提出改进措施，并予以实施。

评价与分析

学习活动过程评价表

班级		姓名		学号		日期	年　月　日
序号	评价要点				配分	得分	总评
1	能确定凸凹模的加工基准，正确地装夹和找正凸凹模				10		A□（86～100） B□（76～85） C□（60～75） D□（60 以下）
2	能根据加工要求，确定凸凹模线加割加工的电加工参数				15		
3	能找正钼丝的位置				10		
4	能完成线切割的试切				10		
5	能按零件图的要求，正确操作数控线切割机床，完成凸凹模的加工				15		
6	能正确检测凸凹模的线切割加工质量				10		
7	能查阅资料，分析并确定产生质量问题的原因，提出改进措施，予以实施				10		
8	遵守劳动纪律				5		
9	积级参与小组讨论，能运用专业术语与其他人员讨论				10		
10	能虚心接受他人意见，并及时改正				5		
小结建议							

学习活动 6　工作总结、成果展示、经验交流

学习目标

1. 能采用多种形式进行成果展示。
2. 能有效地进行工作总结与经验交流。
3. 能规范地撰写工作总结。

建议学时：4 学时。

学习准备

凸凹模零件图、凸凹模加工工艺卡、凸凹模加工计划、凸凹模的线切割加工程序、凸凹模线切割加工轮廓图、展示用凸凹模、展示用设备。

学习过程

1. 制作本学习任务工作过程的 PPT。小组内交流并讨论，确定本组的成果展示方案。简述成果展示方案。

2. 在本次学习任务的学习过程中，你参与了哪些工作？对你而言哪项工作富有挑战性？你是如何完成这项工作的？

3. 与其他小组相比，你所在的小组所做的展示有哪些优势和不足？

4. 撰写本学习任务的工作总结。

评价与分析

学习活动过程自评表

班级		姓名		学号		日期	年 月 日		
评价指标	评价要素				权重	等级评定			
						A	B	C	D
信息检索	能有效利用网络资源、技术手册等查找有效信息				5%				
	能用自己的语言有条理地去解释、阐述所学知识				5%				
	能将查找到的信息有效转换到工作中				5%				
感知工作	能熟悉工作岗位，认同工作价值				5%				
	在工作中，能获得满足感				5%				
参与状态	能与教师、同学相互尊重、理解，平等相待				5%				
	能与教师、同学保持多向、丰富、适宜的信息交流				5%				

续表

<table>
<tr><td>班级</td><td colspan="3"></td><td>姓名</td><td></td><td>学号</td><td></td><td>日期</td><td colspan="3">年　月　日</td></tr>
<tr><td rowspan="2">评价指标</td><td colspan="6" rowspan="2">评价要素</td><td rowspan="2">权重</td><td colspan="4">等级评定</td></tr>
<tr><td>A</td><td>B</td><td>C</td><td>D</td></tr>
<tr><td rowspan="3">参与状态</td><td colspan="6">探究学习、自主学习不流于形式，能处理好合作学习和独立思考的关系，做到有效学习</td><td>5%</td><td></td><td></td><td></td><td></td></tr>
<tr><td colspan="6">能提出有意义的问题，或能发表个人见解；能按要求正确操作；能做到倾听、协作、分享</td><td>5%</td><td></td><td></td><td></td><td></td></tr>
<tr><td colspan="6">积极参与，能在产品加工过程中不断学习，提高综合运用信息技术的能力</td><td>5%</td><td></td><td></td><td></td><td></td></tr>
<tr><td rowspan="2">学习方法</td><td colspan="6">工作计划、操作技能符合规范要求</td><td>5%</td><td></td><td></td><td></td><td></td></tr>
<tr><td colspan="6">能获得进一步发展的能力</td><td>5%</td><td></td><td></td><td></td><td></td></tr>
<tr><td rowspan="3">工作过程</td><td colspan="6">能遵守管理规程，操作过程符合现场管理要求</td><td>5%</td><td></td><td></td><td></td><td></td></tr>
<tr><td colspan="6">平时上课的出勤情况和每天完成工作任务情况</td><td>5%</td><td></td><td></td><td></td><td></td></tr>
<tr><td colspan="6">善于多角度思考问题，能主动发现、提出有价值的问题</td><td>5%</td><td></td><td></td><td></td><td></td></tr>
<tr><td>思维状态</td><td colspan="6">能发现问题、提出问题、分析问题、解决问题、创新问题</td><td>5%</td><td></td><td></td><td></td><td></td></tr>
<tr><td rowspan="4">自评反馈</td><td colspan="6">能按时、保质完成学习任务</td><td>5%</td><td></td><td></td><td></td><td></td></tr>
<tr><td colspan="6">能较好地掌握专业知识点</td><td>5%</td><td></td><td></td><td></td><td></td></tr>
<tr><td colspan="6">具有较强的信息分析能力和理解能力</td><td>5%</td><td></td><td></td><td></td><td></td></tr>
<tr><td colspan="6">具有较为全面、严谨的思维能力，并能条理明晰地表述成文</td><td>5%</td><td></td><td></td><td></td><td></td></tr>
<tr><td colspan="8">自评等级</td><td colspan="4"></td></tr>
<tr><td>有益的经验和做法</td><td colspan="11"></td></tr>
<tr><td>总结反思建议</td><td colspan="11"></td></tr>
</table>

等级评定：A：好　B：较好　C：一般　D：有待提高

学习活动过程互评表

班级		姓名		学号		日期	年　月　日		
评价指标	评价要素				权重	等级评定			
						A	B	C	D
信息检索	能有效利用网络资源、技术手册等查找有效信息				6%				
	能用自己的语言有条理地去解释、阐述所学知识				6%				
	能将查找到的信息有效地转换到工作中				6%				
感知工作	能熟悉自己的工作岗位，认同工作价值				6%				
	在工作中，能获得满足感				6%				
参与状态	能与教师、同学相互尊重、理解，平等相待				6%				
	能与教师、同学保持多向、丰富、适宜的信息交流				6%				
	能处理好合作学习和独立思考的关系，做到有效学习				6%				
	能提出有意义的问题，或能发表个人见解；能按要求正确操作；能做到倾听、协作、分享				6%				
	积极参与，能在产品加工过程中不断学习，综合运用信息技术的能力提高较大				6%				
学习方法	工作计划、操作技能符合规范要求				6%				
	能获得了进一步发展的能力				6%				
工作过程	能遵守管理规程，操作过程符合现场管理要求				6%				
	平时上课的出勤情况和每天完成工作任务情况				6%				
	善于多角度思考问题，能主动发现、提出有价值的问题				6%				
思维状态	能发现问题、提出问题、分析问题、解决问题、创新问题				6%				
互评反馈	能严肃、认真地对待互评				4%				
互评等级									
简要评述									

等级评定：A：好　B：较好　C：一般　D：有待提高

学习活动过程教师评价表

<table>
<tr><th>班级</th><th colspan="2">姓名　　　学号</th><th>权重</th><th>评价</th></tr>
<tr><td rowspan="5">知识策略</td><td rowspan="2">知识吸收</td><td>能设法记住所学习的内容</td><td>3%</td><td></td></tr>
<tr><td>能使用多种手段，通过网络、技术手册等收集到较多的有效信息</td><td>3%</td><td></td></tr>
<tr><td>知识构建</td><td>能自觉寻求不同工作任务之间的内在联系</td><td>3%</td><td></td></tr>
<tr><td>知识应用</td><td>能将学习到的内容应用到解决实际问题中</td><td>3%</td><td></td></tr>
<tr style="display:none"></tr>
<tr><td rowspan="3">工作策略</td><td>兴趣取向</td><td>对课程本身感兴趣，能熟悉自己的工作岗位，认同工作价值</td><td>3%</td><td></td></tr>
<tr><td>成就取向</td><td>学习的目的是获得高水平的成绩</td><td>3%</td><td></td></tr>
<tr><td>批判性思考</td><td>谈到或听到一个推论或结论时，能考虑到其他可能的答案</td><td>3%</td><td></td></tr>
<tr><td rowspan="12">管理策略</td><td>自我管理</td><td>若不能很好地理解学习内容，能设法找到该任务相关的其他资讯</td><td>3%</td><td></td></tr>
<tr><td rowspan="5">过程管理</td><td>能正确回答工作页中及教师提出的问题</td><td>3%</td><td></td></tr>
<tr><td>能根据提供的材料、工作页和教师的指导进行有效学习</td><td>3%</td><td></td></tr>
<tr><td>针对工作任务，能反复查找资料、反复研讨，编制有效的工作计划</td><td>3%</td><td></td></tr>
<tr><td>在工作过程中，能留有研讨记录</td><td>3%</td><td></td></tr>
<tr><td>在团队合作中，能主动承担并完成任务</td><td>3%</td><td></td></tr>
<tr><td>时间管理</td><td>能有效地组织学习时间，按时、保质完成学习任务</td><td>3%</td><td></td></tr>
<tr><td rowspan="4">结果管理</td><td>在学习过程中能获得满足、成功与喜悦等体验，对后续学习更有信心</td><td>3%</td><td></td></tr>
<tr><td>能根据研讨内容，对知识、步骤、方法进行合理的修改和应用</td><td>3%</td><td></td></tr>
<tr><td>课后能积极、有效地进行学习的自我反思，总结学习心得</td><td>3%</td><td></td></tr>
<tr><td>规范撰写工作总结，能进行经验交流与工作反馈</td><td>3%</td><td></td></tr>
<tr style="display:none"></tr>
<tr><td rowspan="6">过程状态</td><td rowspan="2">交往状态</td><td>与教师、同学交流时，能做到语言得体、彬彬有礼</td><td>3%</td><td></td></tr>
<tr><td>能与教师、同学保持多向、丰富、适宜的信息交流和合作</td><td>3%</td><td></td></tr>
<tr><td rowspan="2">思维状态</td><td>能用自己的语言有条理地去解释、阐述所学知识</td><td>3%</td><td></td></tr>
<tr><td>善于多角度思考问题，能主动提出有价值的问题</td><td>3%</td><td></td></tr>
<tr><td>情绪状态</td><td>能自我调控学习情绪，能随着教学进程或解决问题的全过程而产生不同的情绪变化</td><td>3%</td><td></td></tr>
<tr><td>生成状态</td><td>能总结当堂学习所得，或提出深层次的问题</td><td>3%</td><td></td></tr>
</table>

续表

<table>
<tr><th>班级</th><th colspan="2"></th><th>姓名</th><th></th><th>学号</th><th></th><th>权重</th><th>评价</th></tr>
<tr><td rowspan="6">过程状态</td><td rowspan="5">组内合作过程</td><td colspan="5">能明确任务目标、分工，并积极组织或参与小组工作</td><td>3%</td><td></td></tr>
<tr><td colspan="5">积极参与小组讨论，并能充分地表达自己的思想或意见</td><td>3%</td><td></td></tr>
<tr><td colspan="5">能采取多种形式展示本组的工作成果，并进行交流反馈</td><td>3%</td><td></td></tr>
<tr><td colspan="5">对其他组提出的疑问能做出积极、有效的回答</td><td>3%</td><td></td></tr>
<tr><td colspan="5">认真听取其他组的汇报发言，并能大胆质疑，提出不同意见或更深层次的问题</td><td>3%</td><td></td></tr>
<tr><td>工作总结</td><td colspan="5">能规范撰写工作总结</td><td>3%</td><td></td></tr>
<tr><td>自评</td><td>综合评价</td><td colspan="5">能严肃、认真地对待自评</td><td>5%</td><td></td></tr>
<tr><td>互评</td><td>综合评价</td><td colspan="5">能严肃、认真地对待互评</td><td>5%</td><td></td></tr>
<tr><td colspan="7">总评等级</td><td colspan="2"></td></tr>
<tr><td>建议</td><td colspan="8">评定人：（签名）　　年　月　日</td></tr>
</table>

等级评定：A：好　B：较好　C：一般　D：有待提高

学习任务总体评价

1. 展示评价

把个人制作完成的零件先进行分组展示，再由小组推荐代表作必要的介绍。在展示的过程中，以组为单位进行评价；评价完成后，根据其他组成员对本组展示的成果评价意见进行归纳总结。完成如下项目：

（1）展示的零件符合技术标准吗？

合格□　　不合格□　　返修□

（2）与其他组相比，评判一下本组的零件加工工艺是否合理。

工艺优化□　　工艺合理□　　工艺一般□

（3）本组介绍成果表达是否清晰？

很好□　　一般，常补充□　　不清晰□

（4）本小组演示零件质量的检测方法时，操作正确吗？

正确□　　　　部分正确□　　　　不正确□

（5）本组演示操作时遵循了“6S”的工作要求吗?

符合工作要求□　　　　忽略了部分要求□　　　　完全没有遵循 □

（6）本组的成员团队创新精神如何?

良好□　　　　一般□　　　　不足□

2. 教师点评和总结

（1）针对展示过程中各组的优点进行点评。

（2）针对展示过程中各组的缺点进行点评，提出改进方法。

（3）总结整个任务完成过程中出现的亮点和不足。

将本组的点评要点记录在下面。

3. 综合评价

指导教师：（签名）　　　　年　　月　　日

学习任务三　加工链板模具的落料凹模

1. 能读懂落料凹模的零件图和加工工艺卡片，说出落料凹模加工工艺过程，写出加工步骤。

2. 能确定落料凹模热处理工艺过程，完成热处理操作，达到热处理要求。

3. 能根据零件图和加工工艺卡，编制落料凹模线切割程序，并操作数控线切割机床，加工落料凹模。

4. 能根据落料凹模加工精度要求，检测落料凹模的加工质量。

5. 能按安全生产操作规范对数控线切割机床进行日常维护保养。

60 学时。

接到链板模具落料凹模生产派工单，根据链板模具的落料凹模零件图（图 1—0—6）及其加工工艺卡（表 3—0—1）进行加工。

<table>
<tr><td colspan="4">生产派工单
单号：002 开单部门：________ 开单人：______
开单时间：______年___月___日___时___分 接单人：___部___小组___（签名）</td></tr>
<tr><td colspan="4">以下由开单人填写</td></tr>
<tr><td>产品名称</td><td>落料凹模</td><td>完成工时</td><td>60 工时</td></tr>
<tr><td>产品技术要求</td><td colspan="3">按零件图加工，满足使用功能要求</td></tr>
<tr><td colspan="4">以下由接单人和确认方填写</td></tr>
<tr><td>领取材料（含消耗品）</td><td></td><td rowspan="2">成本核算</td><td rowspan="2">金额合计：
仓管员（签名）
年 月 日</td></tr>
<tr><td>领用工具</td><td></td></tr>
<tr><td>操作者检测</td><td></td><td colspan="2">（签名）
年 月 日</td></tr>
<tr><td>班组检测</td><td></td><td colspan="2">（签名）
年 月 日</td></tr>
<tr><td>质检员检测</td><td></td><td colspan="2">（签名）
年 月 日</td></tr>
<tr><td rowspan="4">生产数量统计</td><td>合格</td><td colspan="2"></td></tr>
<tr><td>不良</td><td colspan="2"></td></tr>
<tr><td>返修</td><td colspan="2"></td></tr>
<tr><td>报废</td><td colspan="2"></td></tr>
</table>

表 3—0—1

落料凹模加工工艺卡

×××模具厂		加工工艺卡	产品名称	链板模具	图号	×××××		
			零件名称	落料凹模	数量	1		第 1 页
材料牌号	Cr12	毛坯种类	棒料	毛坯尺寸				共 1 页
工序号	工序名称	工序内容	车间	设备	工艺装备		计划工时 (min)	实际工时 (min)
					夹具、刃具	量具		
1	铣削	铣削凹模四周落料孔	机加工	铣床	盘式立铣刀、圆柱立铣刀	游标卡尺	10	
2	钻削	钻 4 × M8 底孔，与圆凸模固定板、上模垫板、上模座配钻 2 × ϕ8H7 孔、穿丝孔	机加工	钻床	平口钳，ϕ7. 8 mm、ϕ3 mm 钻头	游标卡尺	50	
3	钳加工	攻 4 × M8 螺纹，配铰 2 × ϕ8H7 孔	钳加工		丝锥、虎钳		10	
4	钳加工	去毛刺	钳加工		板锉、什锦锉	外径千分尺	5	
5	热处理	淬火	热处理	加热炉		洛氏硬度计	130	
7	热处理	低温回火	热处理	加热炉、保温箱		洛氏硬度计	150	
8	线切割	线切割中间位置的凹模孔及 3 × ϕ6H8 定位孔	机加工	数控线切割机床	钼丝	外径千分尺	180	
9	钳加工	打磨凹模外形	钳加工		油石		60	
10	检验	按图样要求检查				外径千分尺、内径千分尺	5	
标记	更改号	更改者	日期	设计（日期）	校正（日期）	审核（日期）	批准（日期）	

工作流程与活动

领取链板模具落料凹模的生产派工单、零件图和加工工艺卡；通过识读零件图和加工工艺，了解落料凹模的加工要求，通过查阅机械加工工艺手册，了解落料凹模材料的切削性能和力学性能，通过小组讨论，确定落料凹模的加工方法和加工步骤；采用钳加工、机加工方法加工落料凹模毛坯；根据落料凹模材料及工作要求，查阅模具材料及热处理手册，确定其热处理方案，完成热处理；根据零件图要求，编制线切割加工程序，利用数控线切割机床完成落料凹模加工；根据零件图的要求，选用正确的量具，检验落料凹模线切割加工质量；按线切割机床保养要求，完机床的维护保养工作；按现场管理规范，打扫场地，归置物品；按环保要求处置加工废屑、废液。任务完成后，写出工作总结，进行经验交流。

学习活动 1　接受工作任务、明确工作要求（6 学时）

学习活动 2　落料凹模热处理（12 学时）

学习活动 3　线切割加工落料凹模（38 学时）

学习活动 4　工作总结、成果展示、经验交流（4 学时）

学习活动1　接受工作任务、明确工作要求

学习目标

1. 能说出落料凹模的作用及其决定的链板尺寸。

2. 能识读落料凹模零件图，确定其设计基准、加工基准，完成落料凹模的信息分析。

3. 识读落料凹模的加工工艺卡，能说出孔的配铰原因，及钳加工与热处理工序安排顺序的原因，并确定毛坯尺寸。

4. 能估算落料凹模线切割加工工时。

5. 能根据工作要求，制定落料凹模加工计划，并确定小组的工作计划。

建议学时：6学时。

学习准备

生产派工单、落料凹模零件图、落料凹模加工工艺卡、教材；工作服、工作服等劳保用品。

学习过程

链板零件的主要轮廓形状、尺寸等都是通过落料的方式获得的。这些主要是由落料凹模刃口的形状、尺寸来确定。

1.（1）在链板模具中，落料凹模的作用是什么？

（2）落料凹模尺寸对链板的哪些尺寸起决定性作用?

2．仔细识读落料凹模零件图，小组讨论并说出图中包含了哪些信息?

（1）落料凹模的形状特征

（2）落料凹模的技术要求

（3）落料凹模的材料及其力学性能

3. 仔细识读落料凹模零件图，并在图 3—1—1 上标出设计基准、加工基准。

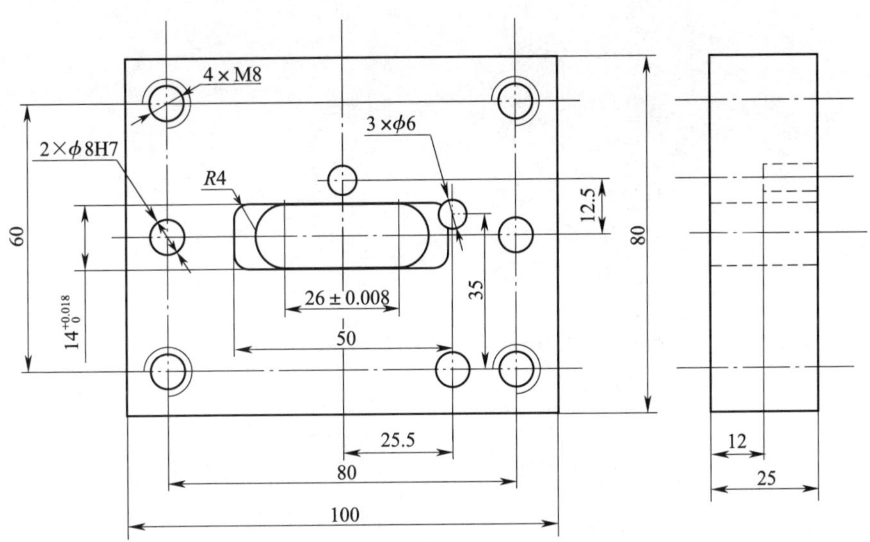

图 3—1—1 落料凹模零件图的设计基准

4. 仔细阅读落料凹模加工工艺卡，并参考链板模具装配图，小组讨论：

（1）说出落料凹模加工工艺卡中规定配铰 2×ϕ8H7 孔的原因。

（2）该工序如果安排在淬火工序后是否可行？为什么？

5. 试确定落料凹模零件毛坯的尺寸，并将尺寸填入落料凹模加工工艺卡（表 3—0—1）中。

6.（1）线切割加工的工时一般如何进行估算?

（2）根据生产经验估算落料凹模线切割加工的工时。

7. 根据对落料凹模零件图和加工工艺卡的分析，拟定落料凹模的加工计划，填入表3—1—1。

表 3—1—1 落料凹模加工计划

序号	开始时间	结束时间	工作内容	工作要求	备注

续表

序号	开始时间	结束时间	工作内容	工作要求	备注

8. 小组成员交流各自初拟的落料凹模加工计划，小组讨论并确定本组工作计划。

评价与分析

学习活动过程评价表

班级		姓名		学号		日期	年 月 日
序号	评价要点				配分	得分	总评
1	能说出落料凹模的作用，及其决定的链板尺寸				10		A□（86～100） B□（76～85） C□（60～75） D□（60以下）
2	能识读、分析落料凹模零件图，确定其设计基准、加工基准				20		
3	能读懂落料凹模的加工工艺顺序，确定其毛坯尺寸，确定安排工序顺序的原因				10		
4	能估算落料凹模线切割加工工时				15		
5	能制定出合理的落料凹模加工计划、小组工作计划				25		
6	能遵守劳动纪律，以积极的态度接受工作任务				5		
7	能积级参与小组讨论，运用专业术语与其他人员讨论				10		
8	能虚心接受他人意见，并及时改正				5		
小结建议							

学习活动 2　落料凹模热处理

学习目标

1. 能根据落料凹模的热处理要求，正确选择其热处理方法。

2. 能根据落料凹模的加工要求，合理安排其热处理工艺过程，完成热处理操作。

3. 能正确检测热落料凹模的热处理质量，分析其质量问题，提出预防措施，并改进。

建议学时：12 学时。

学习准备

热处理设备；生产派工单、落料凹模零件图、落料凹模加工工艺卡、模具材料及热处理手册；工作服、工作帽等劳保用品，安全生产警示标识。

学习过程

1.（1）落料凹模的性能要求是________________________________。

（2）表面淬火（图 3—2—1）是将钢件的____________________________________，而________仍保持未淬火状态的________淬火的方法。表面淬火时通过____________加热，使钢件的________很快达到淬火的温度，在热量来不及传递到工件____

图 3—2—1　表面淬火原理图

____部就立即________，实现________淬火。

表面淬火的目的在于获得________、________的表面，而________部仍然保持原有的______。表面淬火常用于机床________、______和发动机的________等，如图 3—2—2 所示。

图 3—2—2 表面淬火的应用

（3）查阅金属材料热处理的相关资料，想想：落料凹模（材料为 Cr12）能否采用表面淬火热处理工艺来提高其硬度?

（4）小组讨论并确定：落料凹模的热处理工艺是采用整体淬火还是表面淬火?

2. 安排落料凹模的热处理工艺过程，并记录在下面。

3. 对热处理后的落料凹模进行检测，查阅金属材料热处理的相关资料，小组讨论并填写表 3—2—1。

（1）判断并记录落料凹模热处理质量的检测结果。

（2）分析产生缺陷的原因。

（3）查阅资料，讨论并提出预防缺陷的措施，予以改进。

表 3—2—1　落料凹模热处理质量的检测结果、产生缺陷的原因与预防措施

检测项目	检测结果	产生缺陷的原因	预防措施
零件有无变形			
零件有无裂纹			
有无过热、过烧、氧化与脱碳现象			
零件硬度是否达到 62 ~ 65HRC			
零件硬度是否均匀			

评价与分析

学习活动过程评价表

班级		姓名		学号		日期	年　月　日
序号	评价要点				配分	得分	总评
1	能正确说出表面淬火的定义、目的和应用				15		A□（86～100） B□（76～85） C□（60～75） D□（60以下）
2	能正确选择落料凹模的热处理方法				15		
3	能合理安排落料凹模热处理工艺过程				15		
4	能完成对落料凹模的热处理，达到热处理要求				20		
5	能检测落料凹模的热处理质量，找出产生缺陷的原因，提出预防措施，并改进				15		
6	能遵守劳动纪律				5		
7	能积级参与小组讨论，运用专业术语与其他人员讨论				10		
8	能虚心接受他人意见，并及时改正				5		
小结建议							

学习活动3　线切割加工落料凹模

学习目标

1. 能根据落料凹模零件图，确定其线切割加工工序中加工内容的顺序。

2. 能根据落料凹模形状、尺寸要求，编制线切割加工程序。

3. 能根据落料凹模加工要求，选择合适的电加工参数。

4. 能操作数控线切割机床，完成对凸凹模零件的线切割加工。

5. 能检验落料凹模的线切割加工质量，分析影响加工质量的原因，提出改进措施。

建议学时：38 学时。

学习准备

数控线切割机床；生产派工单、落料凹模零件图、落料凹模加工工艺卡、数控线切割机床使用说明书、教材；压板、活扳手、电极丝、紧丝轮；工作服、工作帽等劳保用品，安全生产警示标识。

学习过程

1. 仔细识读落料凹模零件图和加工工艺卡，确定其线切割加工工序中各加工内容的先后顺序，并简要说明理由。

2. 在下列坐标系中，绘制出落料凹模的线切割加工路径。

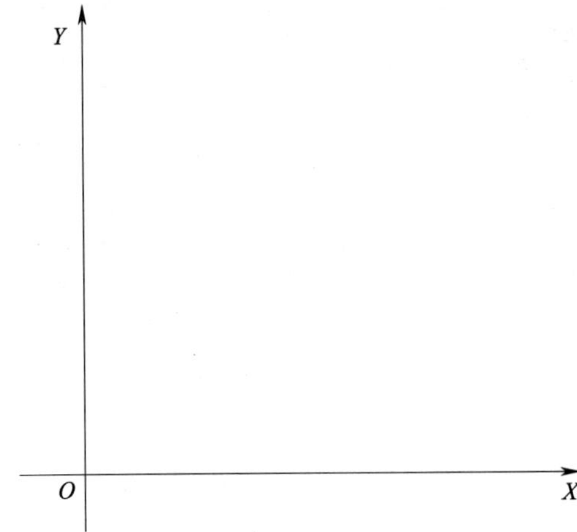

3. 编制落料凹模的线切割加工程序。

4. 小组讨论并确定线切割加工落料凹模的电加工参数。

5. 在进行线切割加工时，落料凹模装夹、找正的基准面应选择哪个面？说明理由。

6. 在线切割加工落料凹模时，如果钼丝突然断开，应如何处理？

7.（1）按照落料凹模零件图，对加工完成的落料凹模零件进行线切割加工质量检验，记录检验操作。

（2）小组讨论确定落料凹模的质量问题，分析产生质量问题的原因，提出改进措施，并予以实施。

评价与分析

学习活动过程评价表

<table>
<tr><td>班级</td><td></td><td>姓名</td><td></td><td>学号</td><td></td><td>日期</td><td>年　月　日</td></tr>
<tr><td>序号</td><td colspan="5">评价要点</td><td>配分</td><td>得分</td><td>总评</td></tr>
<tr><td>1</td><td colspan="5">能正确写出落料凹模线切割加工工序的加工内容顺序</td><td>10</td><td></td><td rowspan="9">A□（86～100）
B□（76～85）
C□（60～75）
D□（60 以下）</td></tr>
<tr><td>2</td><td colspan="5">能编制落料凹模的线切割加工程序</td><td>20</td><td></td></tr>
<tr><td>3</td><td colspan="5">能根据加工要求，确定合理的电加工参数</td><td>10</td><td></td></tr>
<tr><td>4</td><td colspan="5">能按零件图的要求，线切割加工落料凹模</td><td>20</td><td></td></tr>
<tr><td>5</td><td colspan="5">能说出钼丝断丝的处理方法</td><td>10</td><td></td></tr>
<tr><td>6</td><td colspan="5">能正确检验落料凹模的线切割加工质量，分析并确定产生质量问题的原因，提出改进措施，予以实施</td><td>10</td><td></td></tr>
<tr><td>7</td><td colspan="5">能遵守劳动纪律</td><td>5</td><td></td></tr>
<tr><td>8</td><td colspan="5">能积级参与小组讨论，运用专业术语与其他人员讨论</td><td>10</td><td></td></tr>
<tr><td>9</td><td colspan="5">能虚心接受他人意见，并及时改正</td><td>5</td><td></td></tr>
<tr><td>小结
建议</td><td colspan="8"></td></tr>
</table>

学习活动 4　工作总结、成果展示、经验交流

学习目标

1. 能采用多种形式进行成果展示。
2. 能有效地进行工作总结与经验交流。
3. 能规范地撰写总结。

建议学时：4 学时。

学习准备

落料凹模零件图、落料凹模加工工艺卡、落料凹模加工计划、落料凹模的线切割加工程序和线切割加工路径图、展示用落料凹模、展示用设备。

学习过程

1. 制作本学习任务工作过程的 PPT。小组内交流并讨论，确定本组的成果展示方案。简述成果展示方案。

2. 在本次学习任务的学习过程中，你参与了哪些工作？对你而言哪项工作富有挑战性？你是如何完成这项工作的？

3. 与其他小组相比，你所在小组所做的成果展示有哪些优势和不足？

4. 撰写本学习任务的工作总结。

评价与分析

学习活动过程自评表

班级		姓名		学号		日期	年 月 日		
评价指标	评价要素				权重	等级评定			
						A	B	C	D
信息检索	能有效利用网络资源、技术手册等查找有效信息				5%				
	能用自己的语言有条理地去解释、阐述所学知识				5%				
	能将查找到的信息有效转换到工作中				5%				
感知工作	能熟悉工作岗位，认同工作价值				5%				
	在工作中，能获得满足感				5%				
参与状态	能与教师、同学相互尊重、理解，平等相待				5%				
	能与教师、同学保持多向、丰富、适宜的信息交流				5%				

续表

班级		姓名		学号		日期	年　月　日		
评价指标	评价要素				权重	等级评定			
						A	B	C	D
参与状态	探究学习、自主学习不流于形式，能处理好合作学习和独立思考的关系，做到有效学习				5%				
	能提出有意义的问题，或能发表个人见解；能按要求正确操作；能做到倾听、协作、分享				5%				
	积极参与，能在产品加工过程中不断学习，提高综合运用信息技术的能力				5%				
学习方法	工作计划、操作技能符合规范要求				5%				
	能获得进一步发展的能力				5%				
工作过程	能遵守管理规程，操作过程符合现场管理要求				5%				
	平时上课的出勤情况和每天完成工作任务情况				5%				
	善于多角度思考问题，能主动发现、提出有价值的问题				5%				
思维状态	能发现问题、提出问题、分析问题、解决问题、创新问题				5%				
自评反馈	能按时、保质完成学习任务				5%				
	能较好地掌握专业知识点				5%				
	具有较强的信息分析能力和理解能力				5%				
	具有较为全面、严谨的思维能力，并能条理明晰地表述成文				5%				
自评等级									
有益的经验和做法									
总结反思建议									

等级评定：A：好　B：较好　C：一般　D：有待提高

学习活动过程互评表

<table>
<tr><td>班级</td><td></td><td>姓名</td><td></td><td>学号</td><td></td><td>日期</td><td colspan="3">年　月　日</td></tr>
<tr><td rowspan="2">评价指标</td><td colspan="4" rowspan="2">评价要素</td><td rowspan="2">权重</td><td colspan="4">等级评定</td></tr>
<tr><td>A</td><td>B</td><td>C</td><td>D</td></tr>
<tr><td rowspan="3">信息检索</td><td colspan="4">能有效利用网络资源、技术手册等查找有效信息</td><td>6%</td><td></td><td></td><td></td><td></td></tr>
<tr><td colspan="4">能用自己的语言有条理地去解释、阐述所学知识</td><td>6%</td><td></td><td></td><td></td><td></td></tr>
<tr><td colspan="4">能将查找到的信息有效地转换到工作中</td><td>6%</td><td></td><td></td><td></td><td></td></tr>
<tr><td rowspan="2">感知工作</td><td colspan="4">能熟悉自己的工作岗位，认同工作价值</td><td>6%</td><td></td><td></td><td></td><td></td></tr>
<tr><td colspan="4">在工作中，能获得满足感</td><td>6%</td><td></td><td></td><td></td><td></td></tr>
<tr><td rowspan="5">参与状态</td><td colspan="4">能与教师、同学相互尊重、理解，平等相待</td><td>6%</td><td></td><td></td><td></td><td></td></tr>
<tr><td colspan="4">能与教师、同学保持多向、丰富、适宜的信息交流</td><td>6%</td><td></td><td></td><td></td><td></td></tr>
<tr><td colspan="4">能处理好合作学习和独立思考的关系，做到有效学习</td><td>6%</td><td></td><td></td><td></td><td></td></tr>
<tr><td colspan="4">能提出有意义的问题，或能发表个人见解；能按要求正确操作；能做到倾听、协作、分享</td><td>6%</td><td></td><td></td><td></td><td></td></tr>
<tr><td colspan="4">积极参与，能在产品加工过程中不断学习，综合运用信息技术的能力提高很大</td><td>6%</td><td></td><td></td><td></td><td></td></tr>
<tr><td rowspan="2">学习方法</td><td colspan="4">工作计划、操作技能符合规范要求</td><td>6%</td><td></td><td></td><td></td><td></td></tr>
<tr><td colspan="4">能获得进一步发展的能力</td><td>6%</td><td></td><td></td><td></td><td></td></tr>
<tr><td rowspan="3">工作过程</td><td colspan="4">能遵守管理规程，操作过程符合现场管理要求</td><td>6%</td><td></td><td></td><td></td><td></td></tr>
<tr><td colspan="4">平时上课的出勤情况和每天完成工作任务情况</td><td>6%</td><td></td><td></td><td></td><td></td></tr>
<tr><td colspan="4">善于多角度思考问题，能主动发现、提出有价值的问题</td><td>6%</td><td></td><td></td><td></td><td></td></tr>
<tr><td>思维状态</td><td colspan="4">能发现问题、提出问题、分析问题、解决问题、创新问题</td><td>6%</td><td></td><td></td><td></td><td></td></tr>
<tr><td>互评反馈</td><td colspan="4">能严肃、认真地对待互评</td><td>4%</td><td></td><td></td><td></td><td></td></tr>
<tr><td colspan="6">互评等级</td><td colspan="4"></td></tr>
<tr><td>简要评述</td><td colspan="9"></td></tr>
</table>

等级评定：A：好　B：较好　C：一般　D：有待提高

学习活动过程教师评价表

班级		姓名		学号		权重	评价
知识策略	知识吸收	能设法记住所学习的内容				3%	
		能使用多种手段，通过网络、技术手册等收集到较多的有效信息				3%	
	知识构建	能自觉寻求不同工作任务之间的内在联系				3%	
	知识应用	能将学习到的内容应用到解决实际问题中				3%	
工作策略	兴趣取向	对课程本身感兴趣，能熟悉自己的工作岗位，认同工作价值				3%	
	成就取向	学习的目的是获得高水平的成绩				3%	
	批判性思考	谈到或听到一个推论或结论时，能考虑到其他可能的答案				3%	
管理策略	自我管理	若不能很好地理解学习内容，能设法找到该任务相关的其他资讯				3%	
	过程管理	能正确回答工作页中及教师提出的问题				3%	
		能根据提供的材料、工作页和教师的指导进行有效学习				3%	
		针对工作任务，能反复查找资料、反复研讨，编制有效的工作计划				3%	
		在工作过程中，能留有研讨记录				3%	
		在团队合作中，能主动承担并完成任务				3%	
	时间管理	能有效地组织学习时间，按时、保质完成学习任务				3%	
	结果管理	在学习过程中能获得满足、成功与喜悦等体验，对后续学习更有信心				3%	
		能根据研讨内容，对知识、步骤、方法进行合理的修改和应用				3%	
		课后能积极、有效地进行学习的自我反思，总结学习心得				3%	
		规范撰写工作总结，能进行经验交流与工作反馈				3%	
过程状态	交往状态	与教师、同学交流时，能做到语言得体、彬彬有礼				3%	
		能与教师、同学保持多向、丰富、适宜的信息交流和合作				3%	
	思维状态	能用自己的语言有条理地去解释、阐述所学知识				3%	
		善于多角度思考问题，能主动提出有价值的问题				3%	
	情绪状态	能自我调控学习情绪，能随着教学进程或解决问题的全过程而产生不同的情绪变化				3%	
	生成状态	能总结当堂学习所得，或提出深层次的问题				3%	

续表

<table>
<tr><th>班级</th><th colspan="2"></th><th>姓名</th><th></th><th>学号</th><th></th><th>权重</th><th>评价</th></tr>
<tr><td rowspan="6">过程状态</td><td rowspan="5">组内合作过程</td><td colspan="5">能明确任务目标、分工，并积极组织或参与小组工作</td><td>3%</td><td></td></tr>
<tr><td colspan="5">积极参与小组讨论，并能充分地表达自己的思想或意见</td><td>3%</td><td></td></tr>
<tr><td colspan="5">能采取多种形式展示本组的工作成果，并进行交流反馈</td><td>3%</td><td></td></tr>
<tr><td colspan="5">对其他组提出的疑问能做出积极、有效的回答</td><td>3%</td><td></td></tr>
<tr><td colspan="5">认真听取其他组的汇报发言，并能大胆质疑，提出不同意见或更深层次的问题</td><td>3%</td><td></td></tr>
<tr><td>工作总结</td><td colspan="5">能规范撰写工作总结</td><td>3%</td><td></td></tr>
<tr><td>自评</td><td>综合评价</td><td colspan="5">能严肃、认真地对待自评</td><td>5%</td><td></td></tr>
<tr><td>互评</td><td>综合评价</td><td colspan="5">能严肃、认真地对待互评</td><td>5%</td><td></td></tr>
<tr><td colspan="7">总评等级</td><td colspan="2"></td></tr>
<tr><td>建议</td><td colspan="8">评定人：（签名）　　年　月　日</td></tr>
</table>

等级评定：A：好　B：较好　C：一般　D：有待提高

学习任务总体评价

1．展示评价

把个人制作完成的零件先进行分组展示，再由小组推荐代表作必要的介绍。在展示的过程中，以小组为单位进行评价；评价完成后，根据其他组成员对本组展示的成果评价意见进行归纳总结。完成如下项目：

（1）展示的零件符合技术标准吗？

合格□　　不合格□　　返修□

（2）与其他组相比，评判一下本组的零件加工工艺是否合理。

工艺优化□　　工艺合理□　　工艺一般□

（3）本组介绍成果表达是否清晰？

很好□　　一般，常补充□　　不清晰□

（4）本组演示零件质量的检测方法时，操作正确吗？

正确□　　　部分正确□　　　不正确□

（5）本组演示操作时遵循了“6S”的工作要求吗？

符合工作要求□　　　忽略了部分要求□　　　完全没有遵循□

（6）本组的成员团队创新精神如何？

良好□　　　一般□　　　不足□

2. 教师点评和总结。

（1）针对展示过程中各组的优点进行点评。

（2）针对展示过程中各组的缺点进行点评，提出改进方法。

（3）总结整个任务完成过程中出现的亮点和不足。

将本组的点评要点记录在下面。

3. 综合评价

指导教师：（签名）　　　　年　　月　　日

学习任务四　加工链板模具的固定板和卸料板

学习目标

1. 能读懂固定板、卸料板零件加工工艺卡，说出固定板、卸料板加工工艺过程，写出加工步骤。

2. 能确定固定板、卸料板的热处理工艺过程，完成热处理操作，达到热处理要求。

3. 能根据零件图的要求，操作数控线切割机床，加工固定板、卸料板。

4. 能根据固定板、卸料板加工精度要求，检测固定板、卸料板的加工质量。

5. 能按规范对数控线切割机床进行日常维护保养。

建议学时

50 学时。

工作情境描述

接到链板模具固定板和卸料板的生产派工单，根据链板模具的固定板和卸料板零件图（图 1—0—7 ~ 图 1—0—9）及其加工工艺卡（表 4—0—1 ~ 表 4—0—3）进行加工。

<table>
<tr><td colspan="5">生产派工单
单号：003 开单部门：＿＿＿＿ 开单人：＿＿＿
开单时间：＿＿＿年＿＿月＿＿日＿＿时＿＿分 接单人：＿＿部＿＿小组＿＿（签名）</td></tr>
<tr><td colspan="5">以下由开单人填写</td></tr>
<tr><td>产品名称</td><td colspan="2">圆凸模固定板、
凸凹模固定板、卸料板</td><td>完成工时</td><td>50 工时</td></tr>
<tr><td>产品技术要　求</td><td colspan="4">按零件图加工，满足使用功能要求</td></tr>
<tr><td colspan="5">以下由接单人和确认方填写</td></tr>
<tr><td>领取材料（含消耗品）</td><td colspan="2"></td><td rowspan="2">成本核算</td><td rowspan="2">金额合计：
仓管员（签名）
年 月 日</td></tr>
<tr><td>领用工具</td><td colspan="2"></td></tr>
<tr><td>操作者检　测</td><td colspan="2"></td><td colspan="2">（签名）
年 月 日</td></tr>
<tr><td>班　组检　测</td><td colspan="2"></td><td colspan="2">（签名）
年 月 日</td></tr>
<tr><td>质检员检　测</td><td colspan="2"></td><td colspan="2">（签名）
年 月 日</td></tr>
<tr><td rowspan="4">生产数量统　　计</td><td>合格</td><td colspan="3"></td></tr>
<tr><td>不良</td><td colspan="3"></td></tr>
<tr><td>返修</td><td colspan="3"></td></tr>
<tr><td>报废</td><td colspan="3"></td></tr>
</table>

表 4—0—1

圆凸模固定板加工工艺卡

×××模具厂		加工工艺卡	产品名称	链板模具	图号	×××××		
			零件名称	圆凸模固定板	数量	1		第 1 页
材料牌号	45	毛坯种类	板料	毛坯尺寸	110 mm×90 mm×25 mm			共 1 页
工序号	工序名称	工序内容	车间	设备	工艺装备		计划工时(min)	实际工时(min)
					夹具、刃具	量具		
1	热处理	调质	热处理	加热炉保温箱				
2	铣削	铣削六面 101 mm×81 mm×16 mm	机加工	铣床	飞刀、虎钳	游标卡尺	30	
3	磨削	磨削六面，六面互成 90°，尺寸为 100 mm×80 mm×15 mm	机加工	磨床	氧化铝砂轮 精密平口钳	游标卡尺	30	
4	划线	划出 4×ϕ8.5 mm、ϕ8.5 mm、2×ϕ8H7、2×ϕ6 mm 孔的加工线	钳加工		划线尺、高度游标卡尺、锤子、样冲	游标卡尺	10	
5	钻削	钻削 ϕ3 mm 穿丝孔及 ϕ8.5 mm 通孔	机加工	钻床	ϕ3 mm、ϕ8.5 mm 麻花钻		10	
6	线切割	按照凸模，线切割 2×ϕ6 mm 孔	机加工	数控线切割机床	钼丝		60	
7	钻削	与上模座、上模垫板、落料凹模配钻螺纹通孔 4×ϕ8.5 mm 和 2×ϕ8H7 销孔的底孔 ϕ7.8 mm	机加工	钻床	ϕ8.5 mm、ϕ7.8 mm 麻花钻		30	
8	钳加工	去毛刺	钳加工		板锉、什锦锉		5	
9	检验	按图样要求检查					5	
标记	更改号	更改者	日期	设计（日期）	校正（日期）	审核（日期）	批准（日期）	

表 4—0—2 凸凹模固定板加工工艺卡

<table>
<tr><td colspan="2" rowspan="2">×××模具厂</td><td rowspan="2">加工工艺卡</td><td colspan="2">产品名称</td><td colspan="2">链板模具</td><td colspan="2">图号</td><td colspan="3">×××××</td></tr>
<tr><td colspan="2">零件名称</td><td colspan="2">凸凹模固定板</td><td colspan="2">数量</td><td colspan="2">1</td><td>第 1 页</td></tr>
<tr><td>材料牌号</td><td>45</td><td>毛坯种类</td><td colspan="2">板料</td><td colspan="2">毛坯尺寸</td><td colspan="4">110 mm×90 mm×25 mm</td><td>共 1 页</td></tr>
<tr><td rowspan="2">工序号</td><td rowspan="2">工序名称</td><td colspan="3" rowspan="2">工序内容</td><td rowspan="2">车间</td><td rowspan="2">设备</td><td colspan="3">工艺装备</td><td rowspan="2">计划工时
(min)</td><td rowspan="2">实际工时
(min)</td></tr>
<tr><td>夹具、刃具</td><td colspan="2">量具</td></tr>
<tr><td>1</td><td>热处理</td><td colspan="3">调质</td><td>热处理</td><td>加热炉保温箱</td><td></td><td colspan="2"></td><td></td><td></td></tr>
<tr><td>2</td><td>铣削</td><td colspan="3">铣削六面 101 mm×81 mm×16 mm</td><td>机加工</td><td>铣床</td><td>盘铣刀、虎钳</td><td colspan="2">游标卡尺</td><td>30</td><td></td></tr>
<tr><td>3</td><td>磨削</td><td colspan="3">磨削六面，六面互成 90°，尺寸为 100 mm×80 mm×15 mm</td><td>机加工</td><td>磨床</td><td>氧化铝砂轮
精密平口钳</td><td colspan="2">游标卡尺</td><td>30</td><td></td></tr>
<tr><td>4</td><td>划线</td><td colspan="3">对各加工孔进行划线</td><td>钳加工</td><td></td><td>划线尺、高度游标卡尺、锤子、样冲</td><td colspan="2">游标卡尺</td><td>10</td><td></td></tr>
<tr><td>5</td><td>钳加工</td><td colspan="3">钻削 ϕ 3 mm 穿丝孔、4×M8 螺纹孔的 ϕ 7.8 mm 底孔；倒角；4×M8 攻螺纹</td><td>钳加工</td><td></td><td>ϕ 3 mm、
ϕ 7.8 mm
麻花钻，
M8 丝锥，绞杠</td><td colspan="2"></td><td>30</td><td></td></tr>
<tr><td>6</td><td>线切割</td><td colspan="3">线切割凸凹模配合型腔，设置补偿小于凸模 0.02 mm</td><td>机加工</td><td>数控线切割机床</td><td>钼丝</td><td colspan="2"></td><td>60</td><td></td></tr>
<tr><td>7</td><td>钻削</td><td colspan="3">凸凹模与固定板组合后，套上卸料板，由 4×M8 孔引钻</td><td>机加工</td><td>钻床</td><td>虎钳</td><td colspan="2"></td><td>20</td><td></td></tr>
<tr><td>8</td><td>钳加工</td><td colspan="3">去毛刺</td><td>钳加工</td><td></td><td>板锉、什锦锉</td><td colspan="2"></td><td>5</td><td></td></tr>
<tr><td>9</td><td>检验</td><td colspan="3">按图样要求检查</td><td></td><td></td><td></td><td colspan="2"></td><td>5</td><td></td></tr>
<tr><td>标记</td><td>更改号</td><td colspan="2">更改者</td><td>日期</td><td colspan="2">设计（日期）</td><td>校正（日期）</td><td colspan="2">审核（日期）</td><td colspan="2">批准（日期）</td></tr>
<tr><td></td><td></td><td colspan="2"></td><td></td><td colspan="2"></td><td></td><td colspan="2"></td><td colspan="2"></td></tr>
</table>

表 4—0—3

卸料板加工工艺卡

×××模具厂		加工工艺卡	产品名称	链板模具	图号		×××××	
			零件名称	卸料板	数量		1	第 1 页
材料牌号	45	毛坯种类	板料	毛坯尺寸	110 mm×90 mm×25 mm			共 1 页
工序号	工序名称	工序内容	车间	设备	工艺装备		计划工时	实际工时
					夹具、刃具	量具	(min)	(min)
1	热处理	调质处理	热处理	加热炉、保温箱				
2	铣削	铣削六面，尺寸为 101 mm×81 mm×11 mm	机加工	铣床	飞刀、虎钳	游标卡尺	30	
3	磨削	磨削六面，六面互成 90°，尺寸为 100 mm×80 mm×10 mm	机加工	磨床	氧化铝砂轮、精密平口钳	游标卡尺	30	
4	划线	与凸凹模动配合，划出型腔孔、4×M6 螺纹底孔、3×ϕ6.2 mm 通孔的加工位置线	钳加工		划线尺、高度游标卡尺、锤子、样冲	游标卡尺	10	
5	钻削	钻各孔的 ϕ3 mm 线切割穿丝孔、4×M6 螺纹孔的 ϕ5 mm 底孔	机加工	钻床	ϕ3 mm、ϕ5 mm 麻花钻		20	
6	线切割	线切割与凸凹模配合型腔及 3×ϕ6.2 mm 定位销通孔	机加工	数控线切割机床	钼丝		60	
7	攻螺纹	攻 4×M6 螺纹	钳加工		M6 丝锥、铰杠		30	
8	钳加工	去毛刺	钳加工		板锉、什锦锉		5	
9	检验	按图样要求检查					5	
标记	更改号	更改者	日期	设计（日期）	校正（日期）	审核（日期）	批准日期）	

工作流程与活动

领取固定板、卸料板的生产派工单、零件图和加工工艺卡；通过识读零件图和加工工艺卡，了解固定板、卸料板的加工要求；通过查阅机械加工工艺手册，了解固定板、卸料板材料的切削性能和力学性能；小组讨论并确定固定板、卸料板的加工方法和加工步骤；采用钳加工、机加工方法加工固定板、卸料板毛坯；根据固定板、卸料板材料及工作要求，查阅模具材料及热处理手册，确定热处理方案，完成固定板、卸料板的热处理及质量检验；根据零件图要求，编制线切割加工程序，利用线切割机床完成固定板、卸料板的加工；根据零件图要求，选用正确的量具，检验固定板、卸料板的线切割加工质量；按数控线切割机床保养要求，完成维护保养工作；按现场管理规范，打扫场地，归置物品；按环保要求处置加工废屑、废液。任务完成后，写出工作总结，进行经验交流。

学习活动 1　接受工作任务、明确工作要求（4 学时）

学习活动 2　固定板和卸料板热处理（14 学时）

学习活动 3　线切割加工固定板和卸料板（28 学时）

学习活动 4　工作总结、成果展示、经验交流（4 学时）

学习活动1　接受工作任务、明确工作要求

学习目标

1. 能识读固定板、卸料板的零件图，了解其在模具中的作用，确定固定板、卸料板的设计基准。

2. 能根据加工工艺卡，确定固定板、卸料板的加工方法与加工步骤。

3. 能根据工作要求，制定固定板、卸料板的加工计划，制定小组的工作计划。

建议学时：4学时。

学习准备

生产派工单，固定板、卸料板零件图，固定板、卸料板加工工艺卡，教材；工作服、工作帽等劳保用品。

学习过程

1. 在链板模具中，固定板和卸料板的作用是什么?

2．分析固定板和卸料板的工作要求，说说：材料为什么选用45钢？

3．仔细识读固定板、卸料板零件图，小组讨论并说出零件图中包含了哪些信息。

（1）圆凸模固定板

（2）凸凹模固定板

（3）卸料板

4．仔细识读固定板、卸料板的零件图，并在图4—1—1～图4—1—3上标出它们各自的设计基准。

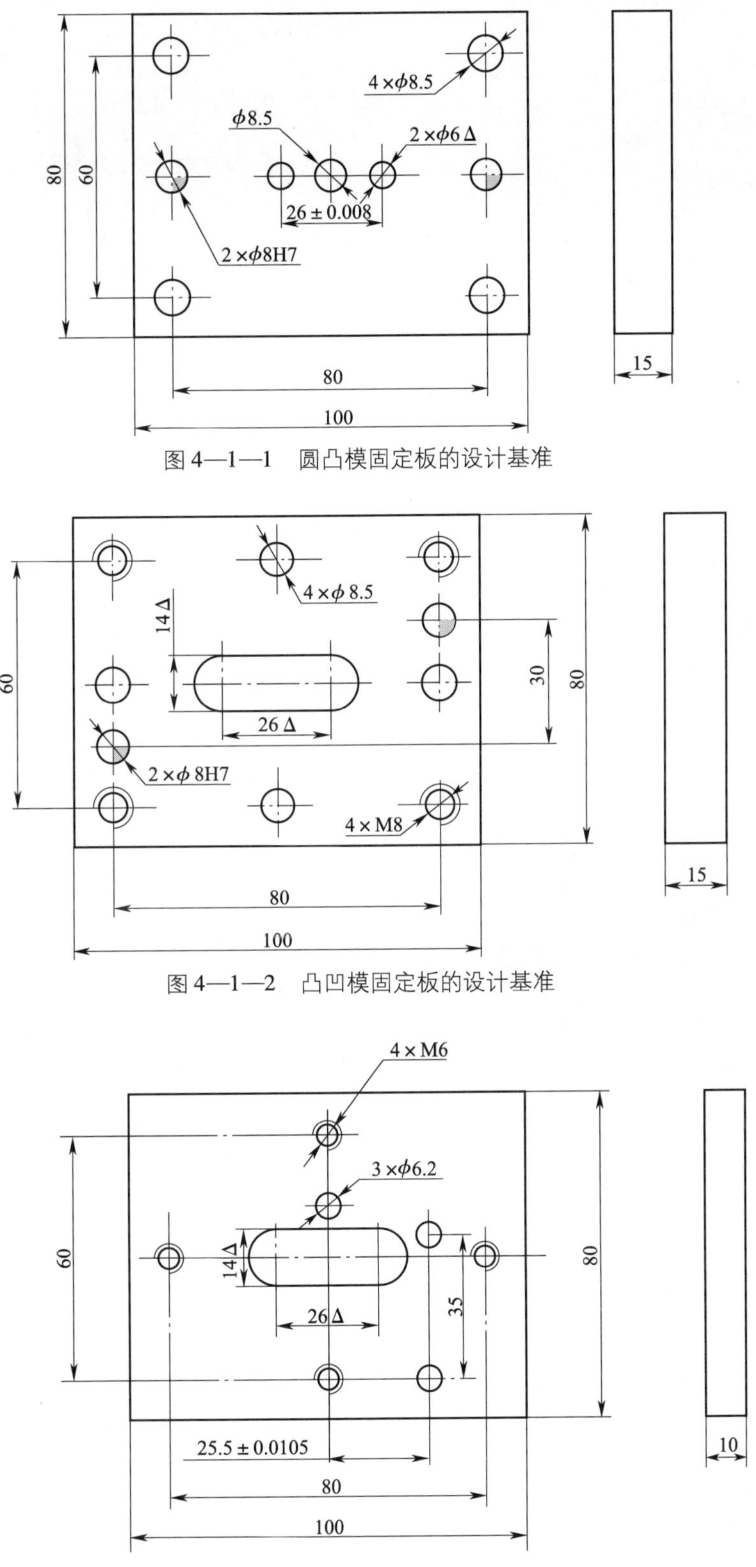

图 4—1—1　圆凸模固定板的设计基准

图 4—1—2　凸凹模固定板的设计基准

图 4—1—3　卸料板的设计基准

5. 阅读固定板、卸料板的加工工艺卡，以流程图的形式分别描述它们的加工步骤和加工方法。

6. 小组内交流组员所拟定的固定板、卸料板的加工计划，填入表4—1—1～表4—1—3。

表4—1—1 圆凸模固定板加工计划

工序	加工内容	主要工具、量具	负责人	时间

续表

工序	加工内容	主要工具、量具	负责人	时间

表 4—1—2 凸凹模固定板加工计划

工序	加工内容	主要工量具	负责人	时间

表 4—1—3　　卸料板加工计划

工序	加工内容	主要工量具	负责人	时间

7. 小组成员交流各自初拟的固定板和卸料板加工计划，小组讨论并确定本组工作计划。(提示：题目下空白如果不够，可另附页。)

评价与分析

学习活动过程评价表

<table>
<tr><td>班级</td><td></td><td>姓名</td><td></td><td>学号</td><td></td><td>日期</td><td>年　月　日</td></tr>
<tr><td>序号</td><td colspan="4">评价要点</td><td>配分</td><td>得分</td><td>总评</td></tr>
<tr><td>1</td><td colspan="4">能说出固定板、卸料板的作用</td><td>6</td><td></td><td rowspan="8">A□（86～100）
B□（76～85）
C□（60～75）
D□（60 以下）</td></tr>
<tr><td>2</td><td colspan="4">能正确说出 45 钢的性能</td><td>5</td><td></td></tr>
<tr><td>3</td><td colspan="4">能正确解读固定板、卸料板零件图的信息，正确标出固定板、卸料板零件图的设计基准</td><td>24</td><td></td></tr>
<tr><td>4</td><td colspan="4">能绘出固定板、卸料板的加工流程图</td><td>15</td><td></td></tr>
<tr><td>5</td><td colspan="4">能制定合理的固定板、卸料板的加工计划、小组工作计划</td><td>30</td><td></td></tr>
<tr><td>6</td><td colspan="4">能遵守劳动纪律，积极的态度接受工作任务</td><td>5</td><td></td></tr>
<tr><td>7</td><td colspan="4">能积级参与小组讨论，运用专业术语与其他人员讨论</td><td>10</td><td></td></tr>
<tr><td>8</td><td colspan="4">能虚心接受他人意见，并及时改正</td><td>5</td><td></td></tr>
<tr><td>小结
建议</td><td colspan="7"></td></tr>
</table>

学习活动 2　固定板和卸料板热处理

学习目标

1. 能根据固定板、卸料板的热处理要求，正确选择热处理方法。

2. 能根据零件的加工要求，合理安排固定板、卸料板的热处理工艺，正确完成热处理操作，使其达到热处理要求。

3. 能正确检测固定板、卸料板的热处理质量，分析其质量问题，提出预防措施，并改进。

建议学时：14 学时。

学习准备

热处理设备；生产派工单，固定板、卸料板零件图，固定板、卸料板加工工艺卡，教材；工作服、工作帽等劳保用品，安全生产警示标识。

学习过程

1. 固定板、卸料板毛坯在铣削、磨削前需要热处理吗？说明理由。

2. (1) 调质是指淬火和______回火的综合热处理工艺，以获得回火______体。调质的主要目的是得到______、______都比较好的综合机械性能。调质方法：先________，温度为_______℃（亚共析钢）、_______℃（过共析钢）；然后在________℃进行回火即可。

(2) 查阅金属材料热处理的相关资料，说说：固定板、卸料板的调质温度应该控制在多少？

(3) 固定板、卸料板毛坯调质前和调质后硬度分别是多少？

3. 小组讨论并确定固定板、卸料板毛坯热处理工艺过程。

4. 想一想，固定板、卸料板毛坯经过调质处理后，如何检测它们的力学性能?

5.（1）对热处理后的圆凸模固定板、凹模固定板、卸料板的毛坯进行热处理质量检测。

（2）查阅金属材料热处理的相关资料，小组讨论、分析圆凸模固定板、凹模固定板、卸料板毛坯产生缺陷的原因。

（3）小组讨论并提出预防热处理缺陷的措施，并予以改进。

上述内容分别填入表 4—2—1 ~ 表 4—2—3 中。

表 4—2—1 圆凸模固定板毛坯热处理质量检测结果、产生缺陷的原因和预防措施

检测项目	检测结果	产生缺陷的原因	预防措施
零件有无变形			
零件有无裂纹			
有无过热、过烧、氧化与脱碳现象			
零件硬度是否达到 28 ~ 43HRC			
零件硬度是否均匀			

表 4—2—2 凸凹模固定板毛坯热处理质量检测结果、产生缺陷的原因和预防措施

检测项目	检测结果	产生缺陷的原因	预防措施
零件有无变形			
零件有无裂纹			
有无过热、过烧、氧化与脱碳现象			
零件硬度是否达到 28 ~ 43HRC			
零件硬度是否均匀			

表 4—2—3　卸料板毛坯热处理质量检测结果、产生缺陷的原因和预防措施

检测项目	检测结果	产生缺陷的原因	预防措施
零件有无变形			
零件有无裂纹			
有无过热、过烧、氧化与脱碳现象			
零件硬度是否达到 28 ~ 43HRC			
零件硬度是否均匀			

评价与分析

学习活动过程评价表

<table>
<tr><td>班级</td><td></td><td>姓名</td><td></td><td>学号</td><td></td><td>日期</td><td>年　月　日</td></tr>
<tr><td>序号</td><td colspan="5">评价要点</td><td>配分</td><td>得分</td><td>总评</td></tr>
<tr><td>1</td><td colspan="5">能说出固定板、卸料板毛坯进行热处理的理由</td><td>5</td><td></td><td rowspan="9">A□（86～100）
B□（76～85）
C□（60～75）
D□（60 以下）</td></tr>
<tr><td>2</td><td colspan="5">能正确说出调质的含义及控制温度</td><td>5</td><td></td></tr>
<tr><td>3</td><td colspan="5">能比较固定板、卸料板毛坯在调质前后的硬度</td><td>5</td><td></td></tr>
<tr><td>4</td><td colspan="5">能合理安排固定板、卸料板毛坯的热处理工艺过程</td><td>20</td><td></td></tr>
<tr><td>5</td><td colspan="5">能完成对固定板、卸料板毛坯的热处理，使其达到热处理要求</td><td>30</td><td></td></tr>
<tr><td>6</td><td colspan="5">能检测固定板、卸料板毛坯的热处理质量，找出产生缺陷的原因，提出预防措施，并改进</td><td>15</td><td></td></tr>
<tr><td>7</td><td colspan="5">能遵守劳动纪律，以积极的态度接受工作任务</td><td>5</td><td></td></tr>
<tr><td>8</td><td colspan="5">能积级参与小组讨论，运用专业术语与其他人员讨论</td><td>10</td><td></td></tr>
<tr><td>9</td><td colspan="5">能虚心接受他人意见，并及时改正</td><td>5</td><td></td></tr>
<tr><td>小结
建议</td><td colspan="8"></td></tr>
</table>

学习活动 3　线切割加工固定板和卸料板

学习目标

1. 能说出固定板和圆凸模、凸凹模的配合关系。

2. 能确定固定板、卸料板线切割加工的补偿量。

3. 能正确了解固定板上孔的加工工序安排及加工方法。

4. 能正确写出固定板、卸料板的线切割加工工艺步骤。

5. 能检测固定板和卸料板的线切割加工质量，分析产生质量问题的原因，提出改进的措施，并改进。

建议学时：28 学时。

学习准备

数控线切割机床；生产派工单，固定板、卸料板零件图，固定板、卸料板加工工艺卡，数控线切割机床使用说明书；压板、活扳手、电极丝、紧丝轮；工作服、工作帽等劳保用品，安全生产警示标识。

学习过程

1. 凸凹模固定板的型孔与凸凹模、圆凸模固定板的孔与圆凸模分别属于什么配合关系？怎么保证这样的配合关系？

2. 线切割加工凸凹模固定板、卸料板的型孔时，补偿量的确定依据是什么？怎么确定补偿量？

3. 仔细阅读圆凸模固定板、凸凹模固定板和卸料板的加工工艺卡，并参考链板模具装配图，小组讨论：

（1）每个零件上对应的销孔、螺纹通孔的位置怎么保证？

（2）圆凸模固定板中 $2\times\phi8H7$、$4\times\phi8.5$ mm 和中间孔 $\phi8.5$ mm 分别在什么工序阶段加工？如何加工这些孔？

（3）凸凹模固定板 $4\times\phi8.5$ mm 孔和卸料板 4 × M6 孔之间存在什么关系？如何加工这些孔？

4. 小组讨论并写出固定板、卸料板的线切割加工工艺步骤（表 4—3—1 ~ 表 4—3—3）。

表 4—3—1　　圆凸模固定板的线切割加工工艺步骤

工序	工步	操作内容	精度要求	主要工具、量具

表 4—3—2 凸凹模固定板的线切割加工工艺步骤

工序	工步	操作内容	精度要求	主要工具、量具

表 4—3—3 卸料板的线切割加工工艺步骤

工序	工步	操作内容	精度要求	主要工具、量具

5. 根据固定板、卸料板零件图和加工工艺卡及确定的线切割加工工艺步骤，编制它们的线切割加工程序。（提示：题目下空白不够，可另附纸。）

6.（1）小组共同完成固定板、卸料板的线切割加工。并依据它们的零件图，进行线切割加工质量的检验。检验步骤、检验结果记录在下面。

（2）小组讨论固定板、卸料板出现的质量问题，分析产生缺陷的原因，并提出预防的措施，并予以实施。

评价与分析

学习活动过程评价表

<table>
<tr><td>班级</td><td></td><td>姓名</td><td></td><td>学号</td><td></td><td>日期</td><td>年　月　日</td></tr>
<tr><td>序号</td><td colspan="5">评价要点</td><td>配分</td><td>得分</td><td>总评</td></tr>
<tr><td>1</td><td colspan="5">能正确说出圆凸模固定板和圆凸模、凸凹模固定板和凸凹模的配合关系</td><td>10</td><td></td><td rowspan="10">A□（86～100）
B□（76～85）
C□（60～75）
D□（60 以下）</td></tr>
<tr><td>2</td><td colspan="5">能正确确定线切割加工补偿量</td><td>10</td><td></td></tr>
<tr><td>3</td><td colspan="5">能说出固定板上孔的加工工序安排及加工方法</td><td>10</td><td></td></tr>
<tr><td>4</td><td colspan="5">能正确写出固定板、卸料板的线切割加工工艺步骤</td><td>20</td><td></td></tr>
<tr><td>5</td><td colspan="5">能编写固定板、卸料板的线切割加工程序</td><td>15</td><td></td></tr>
<tr><td>6</td><td colspan="5">能按零件图要求，线切割加工固定板、卸料板</td><td>5</td><td></td></tr>
<tr><td>7</td><td colspan="5">能正确检测固定板、卸料板的线切割加工质量，分析并确定产生质量问题的原因，提出改进措施，予以实施</td><td>10</td><td></td></tr>
<tr><td>8</td><td colspan="5">能遵守劳动纪律，以积极的态度接受工作任务</td><td>5</td><td></td></tr>
<tr><td>9</td><td colspan="5">能积级参与小组讨论，运用专业术语与其他人员讨论</td><td>10</td><td></td></tr>
<tr><td>10</td><td colspan="5">能虚心接受他人意见，并及时改正</td><td>5</td><td></td></tr>
<tr><td>小结
建议</td><td colspan="8"></td></tr>
</table>

学习活动4　工作总结、成果展示、经验交流

学习目标

1. 能采用多种形式进行成果展示。
2. 能有效地进行工作总结与经验交流。
3. 能规范地撰写总结。

建议学时：4学时。

学习准备

固定板、卸料板零件图，固定板、卸料板加工工艺卡，固定板、卸料板加工计划，小组工作计划固定板、卸料板的线切割加工程序，展示用固定板、卸料板，展示用设备。

学习过程

1. 制作本学习任务工作过程的PPT。小组内交流并讨论，确定本组的成果展示方案。简述成果展示方案。

2. 在本次学习任务的学习过程中，你参与了哪些工作？对你而言哪项工作富有挑战性？你是如何完成这项工作的？

3. 与其他小组相比，你所在小组所做的成果展示有哪些优势和不足？

4. 撰写本学习任务的工作总结。

评价与分析

学习活动过程自评表

<table>
<tr><td>班级</td><td></td><td>姓名</td><td></td><td>学号</td><td></td><td>日期</td><td colspan="3">年 月 日</td></tr>
<tr><td rowspan="2">评价指标</td><td rowspan="2" colspan="4">评价要素</td><td rowspan="2">权重</td><td colspan="4">等级评定</td></tr>
<tr><td>A</td><td>B</td><td>C</td><td>D</td></tr>
<tr><td rowspan="3">信息检索</td><td colspan="4">能有效利用网络资源、技术手册等查找有效信息</td><td>5%</td><td></td><td></td><td></td><td></td></tr>
<tr><td colspan="4">能用自己的语言有条理地去解释、阐述所学知识</td><td>5%</td><td></td><td></td><td></td><td></td></tr>
<tr><td colspan="4">能将查找到的信息有效转换到工作中</td><td>5%</td><td></td><td></td><td></td><td></td></tr>
<tr><td rowspan="2">感知工作</td><td colspan="4">能熟悉工作岗位，认同工作价值</td><td>5%</td><td></td><td></td><td></td><td></td></tr>
<tr><td colspan="4">在工作中，能获得满足感</td><td>5%</td><td></td><td></td><td></td><td></td></tr>
<tr><td rowspan="2">参与状态</td><td colspan="4">能与教师、同学相互尊重、理解，平等相待</td><td>5%</td><td></td><td></td><td></td><td></td></tr>
<tr><td colspan="4">能与教师、同学保持多向、丰富、适宜的信息交流</td><td>5%</td><td></td><td></td><td></td><td></td></tr>
</table>

续表

班级		姓名		学号		日期	年　月　日		
评价指标	评价要素				权重	等级评定			
						A	B	C	D
参与状态	探究学习、自主学习不流于形式，能处理好合作学习和独立思考的关系，做到有效学习				5%				
	能提出有意义的问题，或能发表个人见解；能按要求正确操作；能做到倾听、协作、分享				5%				
	积极参与，能在产品加工过程中不断学习，提高综合运用信息技术的能力				5%				
学习方法	工作计划、操作技能符合规范要求				5%				
	能获得进一步发展的能力				5%				
工作过程	能遵守管理规程，操作过程符合现场管理要求				5%				
	平时上课的出勤情况和每天完成工作任务情况				5%				
	善于多角度思考问题，能主动发现、提出有价值的问题				5%				
思维状态	能发现问题、提出问题、分析问题、解决问题、创新问题				5%				
自评反馈	能按时、保质完成学习任务				5%				
	能较好地掌握专业知识点				5%				
	具有较强的信息分析能力和理解能力				5%				
	具有较为全面、严谨的思维能力，并能条理明晰地表述成文				5%				
自评等级									
有益的经验和做法									
总结反思建议									

等级评定：A：好　B：较好　C：一般　D：有待提高

学习活动过程互评表

<table>
<tr><td>班级</td><td></td><td>姓名</td><td></td><td>学号</td><td></td><td>日期</td><td colspan="3">年 月 日</td></tr>
<tr><td rowspan="2">评价指标</td><td colspan="4" rowspan="2">评价要素</td><td rowspan="2">权重</td><td colspan="4">等级评定</td></tr>
<tr><td>A</td><td>B</td><td>C</td><td>D</td></tr>
<tr><td rowspan="3">信息检索</td><td colspan="4">能有效利用网络资源、技术手册等查找有效信息</td><td>6%</td><td></td><td></td><td></td><td></td></tr>
<tr><td colspan="4">能用自己的语言有条理地去解释、阐述所学知识</td><td>6%</td><td></td><td></td><td></td><td></td></tr>
<tr><td colspan="4">能将查找到的信息有效地转换到工作中</td><td>6%</td><td></td><td></td><td></td><td></td></tr>
<tr><td rowspan="2">感知工作</td><td colspan="4">能熟悉自己的工作岗位，认同工作价值</td><td>6%</td><td></td><td></td><td></td><td></td></tr>
<tr><td colspan="4">在工作中，能获得满足感</td><td>6%</td><td></td><td></td><td></td><td></td></tr>
<tr><td rowspan="5">参与状态</td><td colspan="4">能与教师、同学相互尊重、理解，平等相待</td><td>6%</td><td></td><td></td><td></td><td></td></tr>
<tr><td colspan="4">能与教师、同学保持多向、丰富、适宜的信息交流</td><td>6%</td><td></td><td></td><td></td><td></td></tr>
<tr><td colspan="4">能处理好合作学习和独立思考的关系，做到有效学习</td><td>6%</td><td></td><td></td><td></td><td></td></tr>
<tr><td colspan="4">能提出有意义的问题，或能发表个人见解；能按要求正确操作；能做到倾听、协作、分享</td><td>6%</td><td></td><td></td><td></td><td></td></tr>
<tr><td colspan="4">积极参与，能在产品加工过程中不断学习，综合运用信息技术的能力提高较大</td><td>6%</td><td></td><td></td><td></td><td></td></tr>
<tr><td rowspan="2">学习方法</td><td colspan="4">工作计划、操作技能符合规范要求</td><td>6%</td><td></td><td></td><td></td><td></td></tr>
<tr><td colspan="4">能获得进一步发展的能力</td><td>6%</td><td></td><td></td><td></td><td></td></tr>
<tr><td rowspan="3">工作过程</td><td colspan="4">能遵守管理规程，操作过程符合现场管理要求</td><td>6%</td><td></td><td></td><td></td><td></td></tr>
<tr><td colspan="4">平时上课的出勤情况和每天完成工作任务情况</td><td>6%</td><td></td><td></td><td></td><td></td></tr>
<tr><td colspan="4">善于多角度思考问题，能主动发现、提出有价值的问题</td><td>6%</td><td></td><td></td><td></td><td></td></tr>
<tr><td>思维状态</td><td colspan="4">能发现问题、提出问题、分析问题、解决问题、创新问题</td><td>6%</td><td></td><td></td><td></td><td></td></tr>
<tr><td>互评反馈</td><td colspan="4">能严肃、认真地对待互评</td><td>4%</td><td></td><td></td><td></td><td></td></tr>
<tr><td colspan="5">互评等级</td><td colspan="5"></td></tr>
<tr><td>简要评述</td><td colspan="9"></td></tr>
</table>

等级评定：A：好　B：较好　C：一般　D：有待提高

学习活动过程教师评价表

班级		姓名		学号		权重	评价
知识策略	知识吸收	能设法记住所学习的内容				3%	
		能使用多种手段，通过网络、技术手册等收集到较多的有效信息				3%	
	知识构建	能自觉寻求不同工作任务之间的内在联系				3%	
	知识应用	能将学习到的内容应用到解决实际问题中				3%	
工作策略	兴趣取向	对课程本身感兴趣，能熟悉自己的工作岗位，认同工作价值				3%	
	成就取向	学习的目的是获得高水平的成绩				3%	
	批判性思考	谈到或听到一个推论或结论时，能考虑到其他可能的答案				3%	
管理策略	自我管理	若不能很好地理解学习内容，能设法找到该任务相关的其他资讯				3%	
	过程管理	能正确回答工作页中及教师提出的问题				3%	
		能根据提供的材料、工作页和教师的指导进行有效学习				3%	
		针对工作任务，能反复查找资料、反复研讨，编制有效的工作计划				3%	
		在工作过程中，能留有研讨记录				3%	
		在团队合作中，能主动承担并完成任务				3%	
	时间管理	能有效地组织学习时间，按时、保质完成学习任务				3%	
	结果管理	在学习过程中能获得满足、成功与喜悦等体验，对后续学习更有信心				3%	
		能根据研讨内容，对知识、步骤、方法进行合理的修改和应用				3%	
		课后能积极、有效地进行学习的自我反思，总结学习心得				3%	
		规范撰写工作总结，能进行经验交流与工作反馈				3%	
过程状态	交往状态	与教师、同学交流时，能做到语言得体、彬彬有礼				3%	
		能与教师、同学保持多向、丰富、适宜的信息交流和合作				3%	
	思维状态	能用自己的语言有条理地去解释、阐述所学知识				3%	
		善于多角度思考问题，能主动提出有价值的问题				3%	
	情绪状态	能自我调控学习情绪，能随着教学进程或解决问题的全过程而产生不同的情绪变化				3%	
	生成状态	能总结当堂学习所得，或提出深层次的问题				3%	

续表

班级		姓名		学号		权重	评价
过程状态	组内合作过程	能明确任务目标、分工，并积极组织或参与小组工作				3%	
		积极参与小组讨论，并能充分地表达自己的思想或意见				3%	
		能采取多种形式展示本组的工作成果，并进行交流反馈				3%	
		对其他组提出的疑问能做出积极、有效的回答				3%	
		认真听取其他组的汇报发言，并能大胆质疑，提出不同意见或更深层次的问题				3%	
	工作总结	能规范撰写工作总结				3%	
自评	综合评价	能严肃、认真地对待自评				5%	
互评	综合评价	能严肃、认真地对待互评				5%	
总评等级							
建议	评定人：（签名） 年 月 日						

等级评定：A：好 B：较好 C：一般 D：有待提高

学习任务总体评价

1. 展示评价

把个人制作完成的零件先进行分组展示，再由小组推荐代表作必要的介绍。在展示的过程中，以组为单位进行评价；评价完成后，根据其他组成员对本组展示的成果评价意见进行归纳总结。完成如下项目：

（1）展示的零件符合技术标准吗？

合格□ 不合格□ 返修□

（2）与其他组相比，评判一下本组的零件加工工艺是否合理。

工艺优化□ 工艺合理□ 工艺一般□

（3）本组介绍成果表达是否清晰？

很好□ 一般，常补充□ 不清晰□

（4）本组演示零件质量的检测方法时，操作正确吗？

正确□　　部分正确□　　不正确□

（5）本组演示操作时遵循了“6S”的工作要求吗?

符合工作要求□　　忽略了部分要求□　　完全没有遵循□

（6）本组的成员团队创新精神如何?

良好□　　一般□　　不足□

2. 教师点评和总结。

（1）针对展示过程中各组的优点进行点评。

（2）针对展示过程中各组的缺点进行点评，提出改进方法。

（3）总结整个任务完成过程中出现的亮点和不足。

将本组的点评要点记录在下面。

3. 综合评价

指导教师：（签名）　　年　　月　　日

学习任务五　加工链板模具的其他零件

1. 能根据零件图的技术要求，确定链板模具其他零件的加工顺序，制定小组的工作计划及链板模具其他零件的加工步骤。

2. 能在教师的指导下编制链板模具其他零件的加工工艺卡。

3. 能操作普通机床，加工出合格的链板模具的其他零件。

4. 能根据链板模具其他零件的热处理工艺完成热处理操作，达到热处理要求。

5. 能根据零件加工精度要求，正确检测链板模具的其他零件是否合格。

50 学时。

在模具的加工中，除外购标准件外，在完成工作零件的加工后，还需要加工一些形状较为简单，但在模具中起着特殊作用的零件（如模柄，上、下模垫板，顶件块）。在接到生产派工单和链板模具其他零件的零件图（图 1—0—10 ~ 图 1—0—13）后，需编制这些零件的加工工艺卡，完成加工并检验它们是否合格。

生产派工单

单号：<u>004</u>　开单部门：__________　开单人：______

开单时间：_______年___月___日___时___分　接单人：___部___小组___（签名）

<table>
<tr><td colspan="6">以下由开单人填写</td></tr>
<tr><td>产品名称</td><td colspan="2">链板模具的其他零件
（包括模柄、上模垫板、
下模垫板、顶件块）</td><td>完成工时</td><td colspan="2">30 工时</td></tr>
<tr><td>产品技术
要　　求</td><td colspan="5">按零件图加工，满足使用功能要求</td></tr>
<tr><td colspan="6">以下由接单人和确认方填写</td></tr>
<tr><td>领取材料
（含消耗品）</td><td colspan="3"></td><td rowspan="2">成
本
核
算</td><td rowspan="2">金额合计：

仓管员（签名）

年　月　日</td></tr>
<tr><td>领用工具</td><td colspan="3"></td></tr>
<tr><td>操作者
检　测</td><td colspan="3"></td><td colspan="2">（签名）

年　月　日</td></tr>
<tr><td>班　组
检　测</td><td colspan="3"></td><td colspan="2">（签名）

年　月　日</td></tr>
<tr><td>质检员
检　测</td><td colspan="3"></td><td colspan="2">（签名）

年　月　日</td></tr>
<tr><td rowspan="4">生产数量
统　　计</td><td>合格</td><td colspan="4"></td></tr>
<tr><td>不良</td><td colspan="4"></td></tr>
<tr><td>返修</td><td colspan="4"></td></tr>
<tr><td>报废</td><td colspan="4"></td></tr>
</table>

工作流程与活动

领取链板模具其他零件的生产派工单、零件图；在完成链板模具的主要零件加工后，根据链板模具装配图，了解、分析除标准件外其他零件的种类、功能、结构等；查阅有关加工工艺手册，识读链板模具其他零件的零件图，经小组讨论，确定链板模具其他零件的加工步骤，在教师指导下，填写它们的加工工艺卡，完成其他零件的加工与检验；按现场管理规范，打扫场地，归置物品；按环保要求处置加工废屑、废液。任务完成后，写出工作总结，进行经验交流。

学习活动 1　接受工作任务、明确工作要求（2 学时）

学习活动 2　加工模柄（14 学时）

学习活动 3　加工上模垫板和下模垫板（18 学时）

学习活动 4　加工顶件块（12 学时）

学习活动 5　工作总结、成果展示、经验交流（4 学时）

学习活动1　接受工作任务、明确工作要求

学习目标

能根据工作任务制定工作计划。

建议学时：2 学时。

学习准备

生产派工单，模柄、上模垫板、下模垫板、顶件块的零件图，教材；工作服、工作帽等劳保用品。

学习过程

1. 阅读链板模具装配图，清点已加工的模具零件，找出链板模具中属于需要加工但还未加工的非标零件（即其他零件）；分析其他零件的作用及工作要求，填入表 5—1—1。

表 5—1—1　　其他零件的名称、作用及工作要求

序号	其他零件名称	作用	工作要求

2. 小组讨论并确定需要加工的其他零件的加工顺序。

3. 明确工作任务，小组讨论并制定工作计划。

评价与分析

学习活动过程评价表

班级		姓名		学号		日期	年　月　日
序号	评价要点				配分	得分	总评
1	能正确写出待加工的其他零件的作用及工作要求				18		A□（86～100） B□（76～85） C□（60～75） D□（60 以下）
2	能合理安排其他零件的加工顺序				20		
3	能制定合理的小组工作计划				32		
4	能遵守劳动纪律，以积极的态度接受工作任务				10		
5	能积级参与小组讨论，运用专业术语与其他人员讨论				10		
6	能虚心接受他人意见，并及时改正				10		
小结建议							

学习活动2　加工模柄

学习目标

1. 能说出模柄的作用、种类和装配要求。
2. 能说出模柄深孔的加工方法。
3. 能制定模柄的加工方法步骤，编写加工工艺卡。
4. 能加工出合格的模柄。

建议学时：14 学时。

学习准备

模柄零件图、空白加工工艺卡、机械加工工艺手册、教材；车床、钻床；工作服、工作帽等劳保用品，安全生产警示标识。

学习过程

1. 模柄的作用是将上模部分与压力机滑块相连接，使上模在压力机上有较准确的位置，并传递动力给上模部分。

（1）查阅资料，在图5—2—1a、b、c、d所示的常见模柄下面填上相应的名称，并写出这些模柄的特点和适用场合。

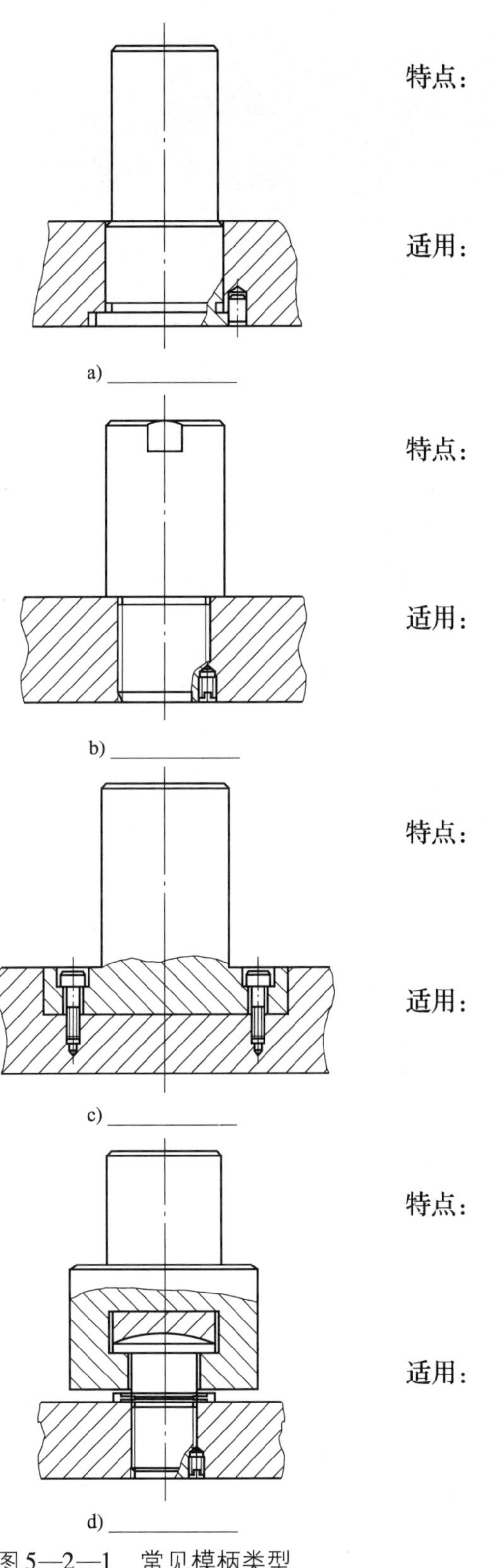

特点：

适用：

特点：

适用：

特点：

适用：

特点：

适用：

图 5—2—1　常见模柄类型

（2）链板模具的模柄属于____________________。为什么链板模具使用这种形式的模柄?

2.（1）识读链板模具装配图，模柄与上模座的配合性质是什么？为什么？

（2）结合模柄零件图，小组讨论并确定模柄的加工方法及加工重点。

3. 模柄中心的 ϕ7 mm 孔的作用是什么？该孔长度是多少，属于哪种类型的孔？可以采用什么设备加工？如果钻头长度不够，想一想，可以采用什么方案加工？

4. 小组讨论并填写模柄的加工工艺卡（表 5—2—1）。

表 5—2—1　　模柄加工工艺卡

×××模具厂		加工工艺卡	产品名称	链板模具	图号	×××××		
			零件名称	模柄	数量	1		第 1 页
材料牌号	45	毛坯种类	棒料	毛坯尺寸				共 1 页
工序号	工序名称	工序内容	车间	设备	工艺装备		计划工时 (min)	实际工时 (min)
					夹具、刃具	量具		
标记	更改号	更改者	日期	设计（日期）	校正（日期）	审核（日期）	批准（日期）	

5. 按照加工工艺卡加工模柄零件，记录加工操作及要点。加工后检验模柄的加工质量。

评价与分析

学习活动过程评价表

班级		姓名		学号		日期	年 月 日
序号	评价要点				配分	得分	总评
1	能说出模柄的类型、作用与配合要求				15		A□（86～100） B□（76～85） C□（60～75） D□（60 以下）
2	能说出加工模柄的 $\phi 7$ mm 深孔的方法				15		
3	能正确编制模柄加工工艺卡				30		
4	能按零件图加工出合格的模柄				20		
5	能遵守劳动纪律				5		
6	能积级参与小组讨论，运用专业术语与其他人员讨论				10		
7	能虚心接受他人意见，并及时改正				5		
小结建议							

学习活动3　加工上模垫板和下模垫板

学习目标

1. 能制定上模垫板和下模垫板的加工方法、步骤。
2. 能编制上模垫板和下模垫板加工工艺卡片。
3. 能加工出合格的上模垫板和下模垫板。

建议学时：18 学时。

学习准备

上模垫板零件图、下模垫板零件图、空白加工工艺卡、机械加工工艺手册、教材；铣床、钻床、磨床、热处理设备；工作服、工作帽等劳保用品，安全生产警示标识。

学习过程

1.（1）平面加工方法可以按照加工精度进行分类。填写表 5—3—1 所列平面加工方法的分类、具体名称及其所能达到的经济精度。

表 5—3—1　　常用的平面加工方法的分类及经济精度

分类	加工方法	可达到的经济精度（μm）
________加工	车削平面	Ra　　　　~ Ra
	________平面	Ra　　　　~ Ra
	________平面	Ra　　　　~ Ra
________加工	________平面	Ra　　　　~ Ra
	________平面	Ra　　　　~ Ra
________加工	________平面	Ra　　　　~ Ra
	________平面	Ra　　　　~ Ra

（2）上模垫板和下模垫板的主要加工表面为平面。分析上模垫板和下模垫板零件图，上模垫板和下模垫板的平面适合采用哪种加工方法？

（3）结合上模垫板和下模垫板零件图与技术要求，小组讨论并确定加工方案。然后与其他小组间就加工方案进行交流。

2. 铣削平面与车削平面所采用的切削用量有什么不同？如果使用高速钢立铣刀铣削垫板平面，选择合理的铣削用量。

3．小组讨论并填写上模垫板和下模垫板的加工工艺卡（表5—3—2、表5—3—3）。

表5—3—2

上模垫板加工工艺卡

×××模具厂		加工工艺卡	产品名称	链板模具		图号	×××××	
			零件名称	上模垫板		数量	1	第1页
材料牌号	45	毛坯种类	板料	毛坯尺寸				共1页
工序号	工序名称	工序内容	车间	设备	工艺装备		计划工时	实际工时
					夹具、刃具	量具	(min)	(min)
标记	更改号	更改者	日期	设计（日期）	校正（日期）	审核（日期）	批准（日期）	

表 5—3—3　　下模垫板加工工艺卡

×××模具厂		加工工艺卡	产品名称	链板模具		图号	×××××		
			零件名称	下模垫板		数量	1		第 1 页
材料牌号	45	毛坯种类	板料	毛坯尺寸					共 1 页
工序号	工序名称	工序内容		车间	设备	工艺装备		计划工时（min）	实际工时（min）
						夹具、刃具	量具		
标记	更改号	更改者	日期	设计（日期）		校正（日期）	审核（日期）	批准（日期）	

4. 按照加工工艺卡加工上模垫板和下模垫板，记录加工操作及要点。加工后检验上模垫板、下模垫板的加工质量。

评价与分析

学习活动过程评价表

班级		姓名		学号		日期	年　月　日
序号	评价要点				配分	得分	总评
1	能说出常用平面加工方法的分类、相应的经济精度				10		A□（86～100） B□（76～85） C□（60～75） D□（60 以下）
2	能说出上模垫板和下模垫板的平面加工方法				5		
3	能选择上模垫板和下模垫板加工的切削用量				15		
4	能正确编制上模垫板和下模垫板的加工工艺卡				30		
5	能操作机床，加工出合格的上模垫板和下模垫板				20		
6	能遵守劳动纪律				5		
7	能积级参与小组讨论，运用专业术语与其他人员讨论				10		
8	能虚心接受他人意见，并及时改正				5		
小结建议							

学习活动4　加工顶件块

学习目标

1. 能说出顶件块的配合关系、尺寸精度要求。

2. 根据顶件块的技术要求，确定加工方法，编制加工工艺卡。

3. 能加工出合格的顶件块。

建议学时：12学时。

学习准备

顶件块零件图、空白加工工艺卡、机械加工工艺手册、教材；铣床、钻床、磨床、热处理设备；工作服、工作帽等劳保用品，安全生产警示标识。

学习过程

1. 分析顶件块零件图

（1）2个$\phi 6$ mm孔需与什么零件配合？它们之间采用的配合制是什么？属于什么配合？

（2）尺寸 26±0.08 mm 为什么要求较高的精度？采用什么加工方法才能保证其精度？

2.（1）查阅资料，说说：材料 T10A 有什么特性？能否满足顶件块零件的工作要求？

（2）是否需要采用热处理工艺来使顶件块达到零件图的硬度要求？应该采用何种热处理工艺？

3. 小组讨论并填写顶件块的加工工艺卡（表 5—4—1）。

表 5—4—1　　顶件块加工工艺卡

<table>
<tr><td colspan="2" rowspan="2">×××模具厂</td><td rowspan="2">加工工艺卡</td><td>产品名称</td><td colspan="2">链板模具</td><td colspan="2">图号</td><td colspan="3">×××××</td></tr>
<tr><td>零件名称</td><td colspan="2">顶件块</td><td colspan="2">数量</td><td colspan="2">1</td><td>第 1 页</td></tr>
<tr><td>材料牌号</td><td>T10A</td><td>毛坯种类</td><td>板料</td><td colspan="2">毛坯尺寸</td><td colspan="4"></td><td>共 1 页</td></tr>
<tr><td rowspan="2">工序号</td><td rowspan="2">工序名称</td><td colspan="2" rowspan="2">工序内容</td><td rowspan="2">车间</td><td rowspan="2">设备</td><td colspan="3">工艺装备</td><td rowspan="2">计划工时（min）</td><td rowspan="2">实际工时（min）</td></tr>
<tr><td>夹具、刃具</td><td colspan="2">量具</td></tr>
<tr><td></td><td></td><td colspan="2"></td><td></td><td></td><td></td><td colspan="2"></td><td></td><td></td></tr>
<tr><td></td><td></td><td colspan="2"></td><td></td><td></td><td></td><td colspan="2"></td><td></td><td></td></tr>
<tr><td></td><td></td><td colspan="2"></td><td></td><td></td><td></td><td colspan="2"></td><td></td><td></td></tr>
<tr><td></td><td></td><td colspan="2"></td><td></td><td></td><td></td><td colspan="2"></td><td></td><td></td></tr>
<tr><td></td><td></td><td colspan="2"></td><td></td><td></td><td></td><td colspan="2"></td><td></td><td></td></tr>
<tr><td></td><td></td><td colspan="2"></td><td></td><td></td><td></td><td colspan="2"></td><td></td><td></td></tr>
<tr><td></td><td></td><td colspan="2"></td><td></td><td></td><td></td><td colspan="2"></td><td></td><td></td></tr>
<tr><td></td><td></td><td colspan="2"></td><td></td><td></td><td></td><td colspan="2"></td><td></td><td></td></tr>
<tr><td>标记</td><td>更改号</td><td>更改者</td><td>日期</td><td colspan="2">设计（日期）</td><td>校正（日期）</td><td colspan="2">审核（日期）</td><td colspan="2">批准（日期）</td></tr>
<tr><td></td><td></td><td></td><td></td><td colspan="2"></td><td></td><td colspan="2"></td><td colspan="2"></td></tr>
</table>

4. 按照加工工艺卡加工顶件块，记录加工操作及要点。加工后检验顶件块的加工质量。

评价与分析

学习活动过程评价表

<table>
<tr><td>班级</td><td>.</td><td>姓名</td><td></td><td>学号</td><td></td><td>日期</td><td>年　月　日</td></tr>
<tr><td>序号</td><td colspan="5">评价要点</td><td>配分</td><td>得分</td><td>总评</td></tr>
<tr><td>1</td><td colspan="5">能识读顶件块的零件图，说出顶件块的配合关系及加工要求</td><td>10</td><td></td><td rowspan="7">A□（86～100）
B□（76～85）
C□（60～75）
D□（60 以下）</td></tr>
<tr><td>2</td><td colspan="5">能确定顶件块的热处理工艺，并完成其热处埋操作</td><td>25</td><td></td></tr>
<tr><td>3</td><td colspan="5">能正确编制顶件块的加工工艺卡</td><td>25</td><td></td></tr>
<tr><td>4</td><td colspan="5">能加工出合格的顶件块</td><td>20</td><td></td></tr>
<tr><td>5</td><td colspan="5">能遵守劳动纪律</td><td>5</td><td></td></tr>
<tr><td>6</td><td colspan="5">能积级参与小组讨论，运用专业术语与其他人员讨论</td><td>10</td><td></td></tr>
<tr><td>7</td><td colspan="5">能虚心接受他人意见，并及时改正</td><td>5</td><td></td></tr>
<tr><td>小结
建议</td><td colspan="8"></td></tr>
</table>

学习活动5 工作总结、成果展示、经验交流

学习目标

1. 能采用多种形式进行成果展示。
2. 能有效地进行工作总结与经验交流。
3. 能规范地撰写总结。

建议学时：4学时。

学习准备

小组工作计划，模柄、上模垫板、下模垫板、顶件块的零件图，模柄、上模垫板、下模垫板、顶件块的加工工艺卡，展示用模柄、上模垫板、下模垫板、顶件块，展示用设备。

学习过程

1. 制作本学习任务工作过程的PPT。小组内交流并讨论，确定本组的成果展示方案。简述成果展示方案。

2. 在本次学习任务的学习过程中，你参与了哪些工作？对你而言哪项工作富有挑战性？你是如何完成这项工作的？

3. 与其他小组相比，你所在小组所做的成果展示有哪些优势和不足。

4. 撰写本学习任务的工作总结。

评价与分析

学习活动过程自评表

班级		姓名		学号		日期	年 月 日		
评价指标	评价要素				权重	等级评定			
						A	B	C	D
信息检索	能有效利用网络资源、技术手册等查找有效信息				5%				
	能用自己的语言有条理地去解释、阐述所学知识				5%				
	能将查找到的信息有效转换到工作中				5%				
感知工作	能熟悉工作岗位，认同工作价值				5%				
	在工作中，能获得满足感				5%				
参与状态	能与教师、同学相互尊重、理解，平等相待				5%				
	能与教师、同学保持多向、丰富、适宜的信息交流				5%				

续表

班级		姓名		学号		日期	年　月　日		
评价指标	评价要素				权重	等级评定			
						A	B	C	D
参与状态	探究学习、自主学习不流于形式，能处理好合作学习和独立思考的关系，做到有效学习				5%				
	能提出有意义的问题，或能发表个人见解；能按要求正确操作；能做到倾听、协作、分享				5%				
	积极参与，能在产品加工过程中不断学习，提高综合运用信息技术的能力				5%				
学习方法	工作计划、操作技能符合规范要求				5%				
	能获得进一步发展的能力				5%				
工作过程	能遵守管理规程，操作过程符合现场管理要求				5%				
	平时上课的出勤情况和每天完成工作任务情况				5%				
	善于多角度思考问题，能主动发现、提出有价值的问题				5%				
思维状态	能发现问题、提出问题、分析问题、解决问题、创新问题				5%				
自评反馈	能按时、保质完成学习任务				5%				
	能较好地掌握专业知识点				5%				
	具有较强的信息分析能力和理解能力				5%				
	具有较为全面、严谨的思维能力，并能条理明晰地表述成文				5%				
自评等级									
有益的经验和做法									
总结反思建议									

等级评定：A：好　B：较好　C：一般　D：有待提高

学习活动过程互评表

<table>
<tr><td>班级</td><td></td><td>姓名</td><td></td><td>学号</td><td></td><td>日期</td><td colspan="3">年 月 日</td></tr>
<tr><td rowspan="2">评价指标</td><td colspan="4" rowspan="2">评价要素</td><td rowspan="2">权重</td><td colspan="4">等级评定</td></tr>
<tr><td>A</td><td>B</td><td>C</td><td>D</td></tr>
<tr><td rowspan="3">信息检索</td><td colspan="4">能有效利用网络资源、技术手册等查找有效信息</td><td>6%</td><td></td><td></td><td></td><td></td></tr>
<tr><td colspan="4">能用自己的语言有条理地去解释、阐述所学知识</td><td>6%</td><td></td><td></td><td></td><td></td></tr>
<tr><td colspan="4">能将查找到的信息有效地转换到工作中</td><td>6%</td><td></td><td></td><td></td><td></td></tr>
<tr><td rowspan="2">感知工作</td><td colspan="4">能熟悉自己的工作岗位，认同工作价值</td><td>6%</td><td></td><td></td><td></td><td></td></tr>
<tr><td colspan="4">在工作中，能获得满足感</td><td>6%</td><td></td><td></td><td></td><td></td></tr>
<tr><td rowspan="5">参与状态</td><td colspan="4">能与教师、同学相互尊重、理解，平等相待</td><td>6%</td><td></td><td></td><td></td><td></td></tr>
<tr><td colspan="4">能与教师、同学保持多向、丰富、适宜的信息交流</td><td>6%</td><td></td><td></td><td></td><td></td></tr>
<tr><td colspan="4">能处理好合作学习和独立思考的关系，做到有效学习</td><td>6%</td><td></td><td></td><td></td><td></td></tr>
<tr><td colspan="4">能提出有意义的问题，或能发表个人见解；能按要求正确操作；能做到倾听、协作、分享</td><td>6%</td><td></td><td></td><td></td><td></td></tr>
<tr><td colspan="4">积极参与，能在产品加工过程中不断学习，综合运用信息技术的能力提高较大</td><td>6%</td><td></td><td></td><td></td><td></td></tr>
<tr><td rowspan="2">学习方法</td><td colspan="4">工作计划、操作技能符合规范要求</td><td>6%</td><td></td><td></td><td></td><td></td></tr>
<tr><td colspan="4">能获得进一步发展的能力</td><td>6%</td><td></td><td></td><td></td><td></td></tr>
<tr><td rowspan="3">工作过程</td><td colspan="4">能遵守管理规程，操作过程符合现场管理要求</td><td>6%</td><td></td><td></td><td></td><td></td></tr>
<tr><td colspan="4">平时上课的出勤情况和每天完成工作任务情况</td><td>6%</td><td></td><td></td><td></td><td></td></tr>
<tr><td colspan="4">善于多角度思考问题，能主动发现、提出有价值的问题</td><td>6%</td><td></td><td></td><td></td><td></td></tr>
<tr><td>思维状态</td><td colspan="4">能发现问题、提出问题、分析问题、解决问题、创新问题</td><td>6%</td><td></td><td></td><td></td><td></td></tr>
<tr><td>互评反馈</td><td colspan="4">能严肃、认真地对待互评</td><td>4%</td><td></td><td></td><td></td><td></td></tr>
<tr><td colspan="5">互评等级</td><td colspan="5"></td></tr>
<tr><td>简要评述</td><td colspan="9"></td></tr>
</table>

等级评定：A：好　B：较好　C：一般　D：有待提高

学习活动过程教师评价表

班级			姓名		学号		权重	评价
知识策略	知识吸收	能设法记住所学习的内容					3%	
		能使用多种手段，通过网络、技术手册等收集到较多的有效信息					3%	
	知识构建	能自觉寻求不同工作任务之间的内在联系					3%	
	知识应用	能将学习到的内容应用到解决实际问题中					3%	
工作策略	兴趣取向	对课程本身感兴趣，能熟悉自己的工作岗位，认同工作价值					3%	
	成就取向	学习的目的是获得高水平的成绩					3%	
	批判性思考	谈到或听到一个推论或结论时，能考虑到其他可能的答案					3%	
管理策略	自我管理	若不能很好地理解学习内容，能设法找到该任务相关的其他资讯					3%	
	过程管理	能正确回答工作页中及教师提出的问题					3%	
		能根据提供的材料、工作页和教师的指导进行有效学习					3%	
		针对工作任务，能反复查找资料、反复研讨，编制有效的工作计划					3%	
		在工作过程中，能留有研讨记录					3%	
		在团队合作中，能主动承担并完成任务					3%	
	时间管理	能有效地组织学习时间，按时、保质完成学习任务					3%	
	结果管理	在学习过程中能获得满足、成功与喜悦等体验，对后续学习更有信心					3%	
		能根据研讨内容，对知识、步骤、方法进行合理的修改和应用					3%	
		课后能积极、有效地进行学习的自我反思，总结学习心得					3%	
		规范撰写工作总结，能进行经验交流与工作反馈					3%	
过程状态	交往状态	与教师、同学交流时，能做到语言得体、彬彬有礼					3%	
		能与教师、同学保持多向、丰富、适宜的信息交流和合作					3%	
	思维状态	能用自己的语言有条理地去解释、阐述所学知识					3%	
		善于多角度思考问题，能主动提出有价值的问题					3%	
	情绪状态	能自我调控学习情绪，能随着教学进程或解决问题的全过程而产生不同的情绪变化					3%	
	生成状态	能总结当堂学习所得，或提出深层次的问题					3%	

续表

<table>
<tr><th>班级</th><th colspan="2"></th><th>姓名</th><th></th><th>学号</th><th></th><th>权重</th><th>评价</th></tr>
<tr><td rowspan="6">过程状态</td><td rowspan="5">组内合作过程</td><td colspan="5">能明确任务目标、分工，并积极组织或参与小组工作</td><td>3%</td><td></td></tr>
<tr><td colspan="5">积极参与小组讨论，并能充分地表达自己的思想或意见</td><td>3%</td><td></td></tr>
<tr><td colspan="5">能采取多种形式展示本组的工作成果，并进行交流反馈</td><td>3%</td><td></td></tr>
<tr><td colspan="5">对其他组提出的疑问能做出积极、有效的回答</td><td>3%</td><td></td></tr>
<tr><td colspan="5">认真听取其他组的汇报发言，并能大胆质疑，提出不同意见或更深层次的问题</td><td>3%</td><td></td></tr>
<tr><td>工作总结</td><td colspan="5">能规范撰写工作总结</td><td>3%</td><td></td></tr>
<tr><td>自评</td><td>综合评价</td><td colspan="5">能严肃、认真地对待自评</td><td>5%</td><td></td></tr>
<tr><td>互评</td><td>综合评价</td><td colspan="5">能严肃、认真地对待互评</td><td>5%</td><td></td></tr>
<tr><td colspan="7">总评等级</td><td colspan="2"></td></tr>
<tr><td>建议</td><td colspan="8">评定人：（签名） 年 月 日</td></tr>
</table>

等级评定：A：好 B：较好 C：一般 D：有待提高

学习任务总体评价

1. 展示评价

把个人制作完成的零件先进行分组展示，再由小组推荐代表作必要的介绍。在展示的过程中，以小组为单位进行评价；评价完成后，根据其他组成员对本组展示的成果评价意见进行归纳总结。完成如下项目：

（1）展示的零件符合技术标准吗？

合格□ 不合格□ 返修□

（2）与其他组相比，评判一下本组的零件加工工艺是否合理。

工艺优化□ 工艺合理□ 工艺一般□

（3）本组介绍成果表达是否清晰？

很好□ 一般，常补充□ 不清晰□

（4）本组演示零件质量的检测方法时，操作正确吗？

正确□　　　　部分正确□　　　　不正确□

（5）本组演示操作时遵循了“6S”的工作要求吗？

符合工作要求□　　　　忽略了部分要求□　　　　完全没有遵循 □

（6）本组的成员团队创新精神如何？

良好□　　　　一般 □　　　　不足□

2．教师点评和总结

（1）针对展示过程中各组的优点进行点评。

（2）针对展示过程中各组的缺点进行点评，提出改进方法。

（3）总结整个任务完成过程中出现的亮点和不足。

将本组的点评要点记录在下面。

3．综合评价

指导教师：（签名）　　　　年　　月　　日

学习任务六　装配链板模具

学习目标

1. 能读懂链板模具装配工艺卡，说出装配要求和装配步骤。

2. 能根据链板模具装配要求，正确选择、使用装配工具，选择正确的装配方法，完成链板模具的组装。

3. 能根据链板模具装配要求，完成链板模具的总装，并检测和调试冲裁间隙。

建议学时

60 学时。

工作情境描述

在接到链板模具装配生产派工单工后，正确按照链板模具装配图与链板模具装配工艺卡（表6—0—1）的要求，将加工完成的链板模具零件装配成整体。要求：链板模具的各个零件能正常动作，能满足后续的试模要求。

<table>
<tr><td colspan="5">生产派工单
单号：005　开单部门：________　开单人：_____
开单时间：______年___月___日___时___分　接单人：___部___小组___（签名）</td></tr>
<tr><td colspan="5">以下由开单人填写</td></tr>
<tr><td>产品名称</td><td>链板模具</td><td>完成工时</td><td colspan="2">60 工时</td></tr>
<tr><td>产品技术要　求</td><td colspan="4">将已经制造完成的模具零件及外购件等，装配成合格的链板模具</td></tr>
<tr><td colspan="5">以下由接单人和确认方填写</td></tr>
<tr><td>领取材料（含消耗品）</td><td colspan="2"></td><td rowspan="2">成本核算</td><td rowspan="2">金额合计：
仓管员（签名）
年　月　日</td></tr>
<tr><td>领用工具</td><td colspan="2"></td></tr>
<tr><td>操作者检　测</td><td colspan="2"></td><td colspan="2">（签名）
年　月　日</td></tr>
<tr><td>班　组检　测</td><td colspan="2"></td><td colspan="2">（签名）
年　月　日</td></tr>
<tr><td>质检员检　测</td><td colspan="2"></td><td colspan="2">（签名）
年　月　日</td></tr>
<tr><td rowspan="4">生产数量统　计</td><td>合格</td><td colspan="3"></td></tr>
<tr><td>不良</td><td colspan="3"></td></tr>
<tr><td>返修</td><td colspan="3"></td></tr>
<tr><td>报废</td><td colspan="3"></td></tr>
</table>

表 6—0—1

链板模具装配工艺卡

链板模具装配工艺卡	产品型号		总成图号	LB010	卡片编号	
	产品名称	链板模具	总成名称	链板模具	共 2 页	第 1 页
工序号	工序名称	工步内容	车间	设备及工艺装备	辅助材料	工时定额
10	模架装配	1. 导套装入上模座，保证导套与上模座垂直 2. 使用导套导向，在下模座上装入导柱，保证导柱与下模座垂直	装配	角尺、锤子、垫块、百分表		
20	组件装配	1. 将压入式模柄装配在上模座内，保证模柄与上模座垂直，并磨平端面 2. 将圆凸模装入凸模固定板内，为圆凸模组件 将圆凸模压入圆凸模固定板，并保证圆凸模与其固定板垂直，装配后应磨平凸模底面 然后，将顶件块放入落料凹模，将凹模与圆凸模、圆凸模固定板装在一起，保证圆凸模与固定板垂直，磨平圆凸模和落料凹模的刃口面 3. 将凸凹模装入凸凹模固定板内，为凸凹模组件	装配	磨床、内六角扳手		
30	安装下模部分	1. 将连接凸凹模与下模垫板的连接螺钉预旋紧 2. 配钻下模座螺纹孔 3. 将凸凹模固定板、下模垫板、下模座用螺钉连接 4. 配钻、配铰螺钉孔，打入紧定螺钉，旋紧凸凹模与下模垫板的连接用紧定螺钉	装配	内六角扳手、锤子、铜棒		

续表

链板模具装配工艺卡	产品型号		总成图号	LB010	卡片编号	
	产品名称	链板模具	总成名称	链板模具	共 2 页	第 2 页

工序号	工序名称	工步内容	车间	设备及工艺装备	辅助材料	工时定额
40	安装上模部分	1. 上下模合模，将凸凹模配入凹模内定位，使用平行夹将上模座、上模垫板、圆凸模固定板、落料凹模固定，配钻上模座的螺纹孔 2. 将凸凹模固定板、下模垫板、下模座用螺钉连接		钻床、平行夹		
50	总装配	将下模部分和上模部分分别与下模座和上模座进行装配	装配	内六角扳手、锤子、钻头、铰刀	纸片	
60	辅助零件的安装	1. 装顶料杆、定位销 2. 装卸料板弹簧和卸料螺钉。配钻下模座的卸料螺钉过孔	装配			
70	检验、调试	检查模具开合的灵活性，检测凹模与凸凹模的配合间隙，间隙应符合要求		冲床		

										设计（日期）	校核（日期）	标准化（日期）	会签（日期）	审核（日期）
标记	处数	更改文件号	签字	日期	标记	处数	更改文件号	签字	日期	描图	描校	底图号	装订号	

工作流程与活动

领取装配链板模具的生产派工单、链板模具装配工艺卡；根据链板模具装配工艺卡，参考链板模具装配图，了解其装配要求；查阅模具装配工艺相关的技术手册，经小组讨论，确定链板模具装配步骤和装配方法；合理选择装配工具，完成链板模具装配；根据链板模具装配要求，检测落料凹模、凸凹模配合间隙，并完成落料凹模、凸凹模配合间隙的调试；按现场管理规范，打扫场地，归置物品；按环保要求处置废液等。任务完成后，写出工作总结，进行经验交流。

学习活动 1　接受工作任务、明确工作要求（10 学时）

学习活动 2　装配链板模具组件（26 学时）

学习活动 3　总装链板模具（20 学时）

学习活动 4　工作总结、成果展示、经验交流（4 学时）

学习活动1 接受工作任务、明确工作要求

学习目标

1. 能说出模具装配的概念、种类及内容。
2. 能说出模具装配方法的定义、原则和特点。
3. 能确定链板模具组件装配的方法。
4. 能写出模具装配的场地要求。
5. 能确定模具装配基准件及其原则。
6. 能按照组件装配的需要将链板模具的零件进行分类。
7. 能读懂链板模具装配工艺卡，说出装配步骤和装配要求。

建议学时：10 学时。

学习准备

生产派工单、链板模具装配图、链板模具装配工艺卡、模具装配工艺相关的技术手册、教材；工作服、工作帽等劳保用品。

学习过程

1. （1）模具装配是根据模具的____________、各个零件间的__________和________，以一定的装配______和______，将符合零件图、装配图技术要求的模具零件____、____为________、______，直至装配成满足使用要求的模具。

（2）模具装配可分为______装配、______装配和____装配。

（3）装配的内容包括____________，__________、______，______，__________，____，______等环节，通过装配达到模具各项精度指标和技术要求。

（4）模具装配方法包括修配法、调整法和完全互换法。查阅模具装配的相关资料，填写表6—1—1。

表6—1—1　模具装配方法的定义、原则及特点

装配方法	定义	原则	特点
修配法			优点： 缺点：
调整法			优点： 缺点：
完全互换法			优点： 缺点：

（5）将左侧所列的组件与右侧所列的装配方法以连线的方式正确搭配。

导柱与导套	完全互换法
凹模与凸模	调整法
凹模与凹模固定板	修配法
模柄与模座	

2. 查阅模具装配的相关资料，写出模具装配的场地要求。

3.（1）什么是模具装配基准件？它起什么作用？

（2）确定装配基准件的原则是什么？链板模具装配基准件符合什么原则？

（3）识读链板模具的装配工艺卡中，链板模具装配时将__________作为装配基准件。

4. 根据链板模具装配图明细栏所列零件，除标准件外，按照表 6—1—2 所列类别将它们分类。

表 6—1—2　　链板模具零件清单

序号	名称	规格	数量	是否合格
模架				
上模				
下模				

5. 识读并摘录链板模具装配工艺卡所列装配步骤，小组讨论选出小组负责人，由小组负责人对组内人员进行分工，填入表6—1—3。

表6—1—3　　链板模具装配工作计划

步骤	内容	负责人	职责	人员

评价与分析

学习活动过程评价表

<table>
<tr><td>班级</td><td></td><td>姓名</td><td></td><td>学号</td><td></td><td>日期</td><td>年　月　日</td></tr>
<tr><td>序号</td><td colspan="5">评价要点</td><td>配分</td><td>得分</td><td>总评</td></tr>
<tr><td>1</td><td colspan="5">能正确说出模具装配的概念、种类及内容</td><td>10</td><td></td><td rowspan="10">A□（86～100）
B□（76～85）
C□（60～75）
D□（60 以下）</td></tr>
<tr><td>2</td><td colspan="5">能正确说出模具装配方法的定义、原则和特点</td><td>10</td><td></td></tr>
<tr><td>3</td><td colspan="5">能确定链板模具组件装配的方法</td><td>10</td><td></td></tr>
<tr><td>4</td><td colspan="5">能正确写出模具装配的场地要求</td><td>10</td><td></td></tr>
<tr><td>5</td><td colspan="5">能正确说出模具装配基准件及确定原则</td><td>10</td><td></td></tr>
<tr><td>6</td><td colspan="5">能正确说出链板模具的基准件</td><td>10</td><td></td></tr>
<tr><td>7</td><td colspan="5">能制定合理的链板模具装配工作计划</td><td>20</td><td></td></tr>
<tr><td>8</td><td colspan="5">能遵守劳动纪律，以积极的态度接受工作任务</td><td>5</td><td></td></tr>
<tr><td>9</td><td colspan="5">能积级参与小组讨论，运用专业术语与其他人员讨论</td><td>10</td><td></td></tr>
<tr><td>10</td><td colspan="5">能虚心接受他人意见，并及时改正</td><td>5</td><td></td></tr>
<tr><td>小结
建议</td><td colspan="8"></td></tr>
</table>

学习活动 2 装配链板模具组件

学习目标

1. 能根据模具装配要求，正确选择、使用装配工具。

2. 能根据装配要求，选择正确的装配方法，完成模架、模柄、模具、圆凸模组件的装配。

建议学时：26 学时。

学习准备

链板模具装配图、链板模具装配工艺卡、教材；模具装配设备、模具装配工具；工作服、工作帽等劳保用品，安全生产警示标识。

学习过程

1. 按照链板模具装配工艺卡，首先要完成模架装配。

（1）查阅模具资料，根据导柱、导套实物图，在表 6—2—1 中填写出其具体的种类和应用场合。

表 6—2—1　　导柱、导套种类及应用场合

导柱、导套种类	实物图	应用场合
	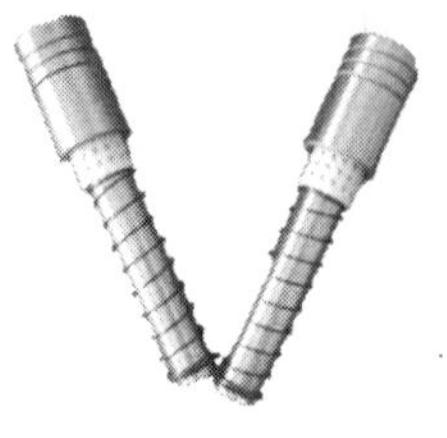	

续表

导柱、导套种类	实物图	应用场合

因此，根据链板模具的应用场合，应选取____________________导柱、导套。

（2）根据导柱、导套的工作要求，查阅相关技术手册，由于导柱导、套是间隙配合，配合优先选择________________。识读链板模具装配图，回答：

导套与上模座、导柱与下模座常采用 H7/m6，该配合是________________。

（3）查阅资料，了解过盈配合常用装配方法的相关内容，填写入表 6—2—2。

表 6—2—2　过盈配合常用装配方法、适用场合、工艺要求及操作注意事项

项目 方法	适用场合	工艺要求	操作注意事项
人工敲打法			
压入法			

续表

项目 方法	适用场合	工艺要求	操作注意事项
热装法			
冷装法			

小组讨论并分析链板模具导柱、导套装配的技术要求，确定应选用____________方法装配链板模具的导柱、导套。

（4）识读链板模具装配图，并查阅相关模具装配资料，说说模架的装配技术要求。

（5）根据模架已经确定的装配方法，选择装配所需的设备和工具。

（6）模架装配过程中有哪些安全注意事项?

（7）在教师指导下，按照装配工艺卡所列导柱、导套装配的基本步骤，完成其装配。并记录装配中的操作技巧。

（8）模架装配结束后，按照链板模具装配工艺卡的要求，应检验导柱与下模座、导套与上模座的垂直度。记录检测步骤、过程检测数据和检测结果，并查找相关技术标准，判断导柱、导套的垂直度是否合格，并记入表6—2—3。

表6—2—3　导柱、导套垂直度的检测记录表

项目	检测步骤	过程检测数据	检测结果是否合格
导柱与下模座的垂直度			
导套与上模座的垂直度			

2. 模柄组件的装配

（1）冲裁模采用________装配模柄，模柄与上模座的配合为 H7/m6，该配合是________。

（2）识读链板模具装配图，说说模柄装配的技术要求。

（3）列举装配模柄所需要的设备和工具。

（4）查阅资料，参照图 6—2—1 所示模柄装配过程示意，在教师的指导下完成模柄的装配。并记录模柄与上模座的装配步骤。

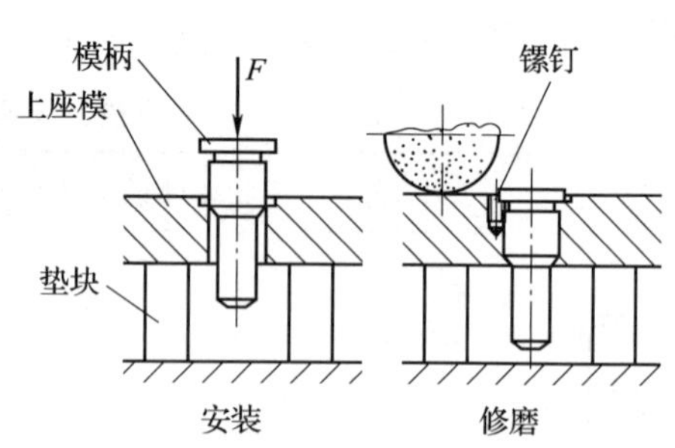

图 6—2—1　模柄装配过程示意图

（5）模柄装配后，按照链板模具装配工艺卡的要求，检验模柄与上模座的垂直度，记录检测步骤、过程检测数据和检测结果，并查找相关技术标准，判断模柄与上模座的垂直度是否合格，并记入表 6—2—4。

表 6—2—4　　模柄垂直度的检测记录表

项目	检测步骤	过程检测数据	检测结果是否合格
模柄与上模座的垂直度			

3．圆凸模组件的装配

（1）识读链板模具装配图，根据圆凸模组件的结构组成，标注图 6—2—2 所示各部分的名称。

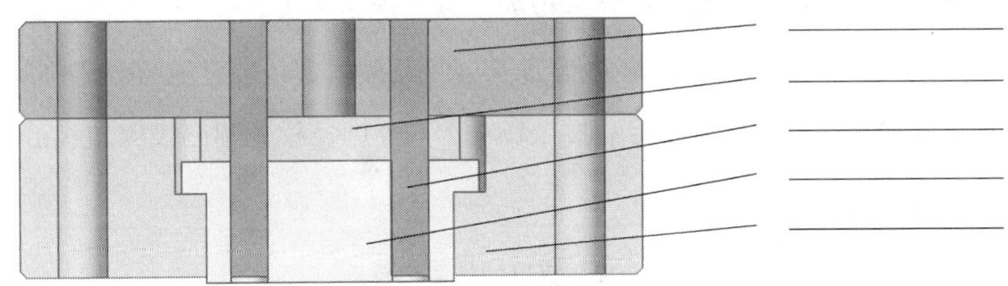

图 6—2—2　圆凸模组件的结构示意图

（2）凸模与固定板的配合常采用 H7/m6，该配合是________________。

（3）列举装配圆凸模组件装配所需的设备和工具。

（4）观看视频或教师演示，记录圆凸模组件的装配步骤和要点。

（5）圆凸模装入圆凸模固定板后，其固定端的端面应和圆凸模固定板的支承面处于同一平面内，即要求圆凸模应和圆凸模固定板的支承面保持垂直。因此，圆凸模组件装配结束后，按照装配工艺卡的要求，应检验圆凸模与圆凸模固定板的垂直度。记录检测步骤、过程检测数据和检测结果，并查找相关技术标准，判断圆凸模与圆凸模固定板的垂直度是否合格，并填写入表6—2—5。

表6—2—5　　圆凸模垂直度的检测记录表

项目	检测步骤	过程检测数据	检测结果是否合格
圆凸模与圆凸模固定板的垂直度			

评价与分析

学习活动过程评价表

<table>
<tr><td>班级</td><td></td><td>姓名</td><td></td><td>学号</td><td></td><td>日期</td><td>年　月　日</td></tr>
<tr><td>序号</td><td colspan="5">评价要点</td><td>配分</td><td>得分</td><td>总评</td></tr>
<tr><td>1</td><td colspan="5">能正确选择、使用装配设备和工具</td><td>5</td><td></td><td rowspan="9">A□（86～100）
B□（76～85）
C□（60～75）
D□（60 以下）</td></tr>
<tr><td>2</td><td colspan="5">能正确说出链板模具组件中有配合要求的配合关系</td><td>10</td><td></td></tr>
<tr><td>3</td><td colspan="5">能正确说出模具装配过程中的安全注意事项</td><td>5</td><td></td></tr>
<tr><td>4</td><td colspan="5">能正确完成模架组件的装配</td><td>20</td><td></td></tr>
<tr><td>5</td><td colspan="5">能正确完成模柄组件的装配</td><td>20</td><td></td></tr>
<tr><td>6</td><td colspan="5">能正确完成圆凸模组件的装配</td><td>20</td><td></td></tr>
<tr><td>7</td><td colspan="5">遵守劳动纪律、能以积极的态度接受工作任务</td><td>5</td><td></td></tr>
<tr><td>8</td><td colspan="5">积级参与小组讨论，能运用专业术语与其他人员讨论</td><td>10</td><td></td></tr>
<tr><td>9</td><td colspan="5">能虚心接受他人意见，并及时改正</td><td>5</td><td></td></tr>
<tr><td>小结
建议</td><td colspan="8"></td></tr>
</table>

学习活动3　总装链板模具

学习目标

1. 能根据链板模具的装配要求，选择正确的装配方法，完成链板模具的下模、上模的装配。

2. 能根据链板模具的装配要求，检测和调试冲裁间隙。

建议学时：20 学时。

学习准备

链板模具装配图、链板模具装配工艺卡、模具装配相关的技术手册、教材；模具装配设备、模具装配工具；工作服、工作帽等劳保用品，安全生产警示标识。

学习过程

1. 查阅冷冲压模具装配的相关资料，写出冷冲压模具装配应达到的技术要求。

2. 组装下模

（1）识读链板模具装配图和装配工艺卡，填写图 6—3—1 所示下模结构中的各零件名称。小组讨论并指出下模的装配基准件为______________________。

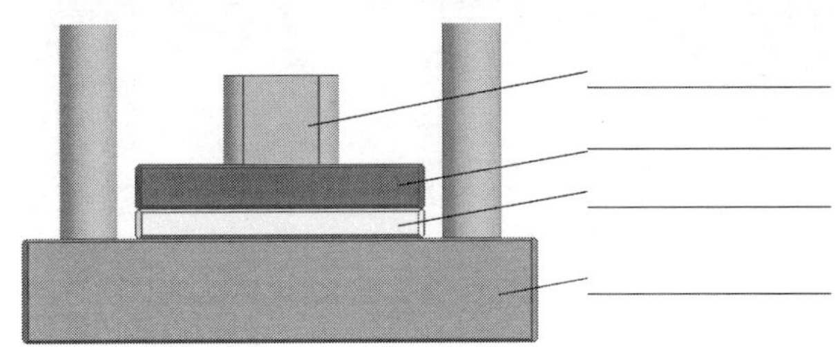

图 6—3—1 链板模具下模的结构示意图

（2）小组讨论，确定下模与下模座装配采用的定位方式；为________________。

（3）下模需要配钻螺钉孔的零件是______________________。在教师指导下，完成配钻、配铰销钉孔的操作，并检验配钻、配铰的质量。记录操作要点。

（4）在教师指导下，完成链板模具下模的装配操作，并检验部件组装的质量。（提示：将装配操作要领、所用时间及检验结果记入本学习活动最后的表 6—3—1。）

3. 组装上模

（1）识读链板模具装配图和装配工艺卡，填写图 6—3—2 所示上模结构中的各零件名称。小组讨论并指出上模的装配基准件为______________________。

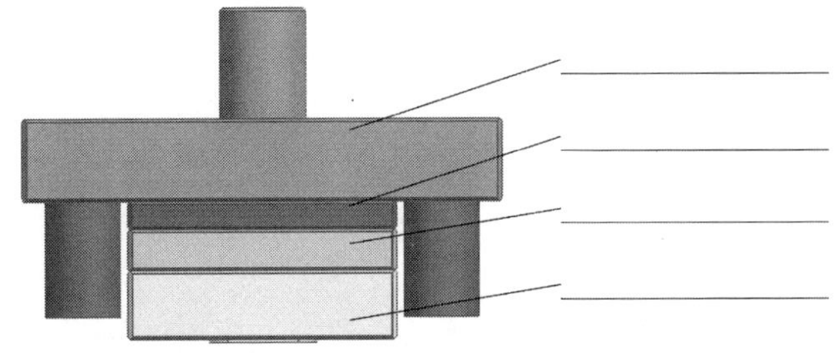

图 6—3—2 链板模具上模的结构示意图

（2）上模中需要配钻螺钉孔的零件是________________。小组讨论，在这个步骤为什么需要配钻螺钉孔？

（3）在教师指导下，完成配钻、配铰螺钉孔的操作，并记录操作要领。

（4）在教师指导下，完成链板模具上模的装配操作，并检验部件组装质量。（提示：将装配操作要领、所用时间及检验结果记入表6—3—1。）

4. 调整冲裁间隙

（1）查阅冷冲压模具装配的相关资料，参考图6—3—3，想一想：冷冲压模具中，保证冲压零件顺利生产的冲裁间隙是如何定义的？它在冲压加工中起什么作用？确定链板模具的冲裁间隙。

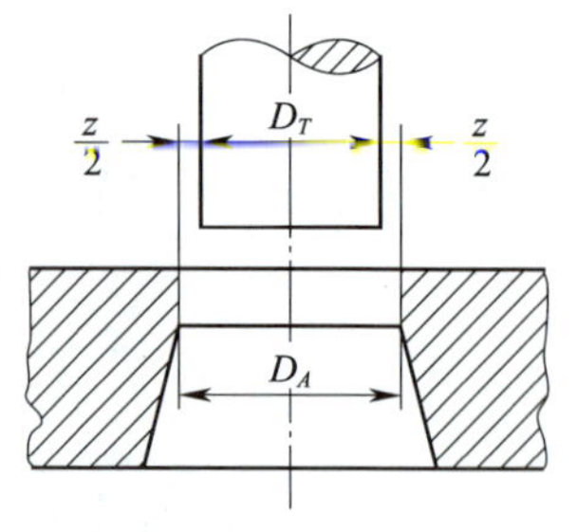

图6—3—3 冲裁零件尺寸示意图

（2）列举检测冲裁间隙的常用检具、量具等。简述其操作要点。

（3）参照图 6—3—4 所示，想一想，如果冲裁间隙过大或者过小会对冲压零件有什么影响?

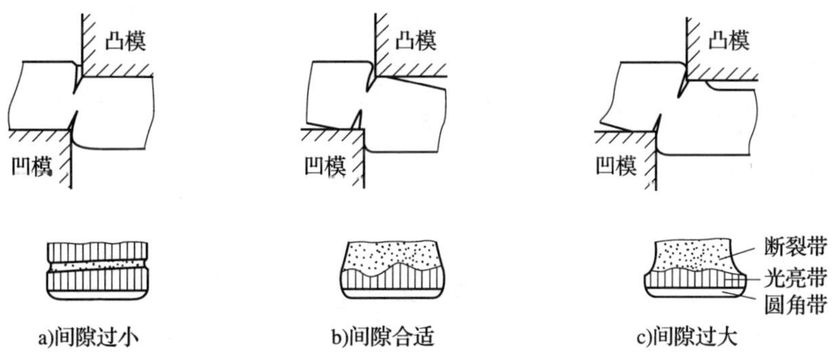

图 6—3—4　冲裁间隙大小对冲压零件断面质量的影响

（4）为了保证模具装配后其运动部件能够正常运动，在模具装配过程中需要对冲裁间隙进行初步调整，这称为组调。查阅资料，小组讨论并记录：如何使用垫片法调整链板模具的冲裁间隙？调整中需要注意什么？

（5）想一想：还有其他间隙调整方法吗？

5．调整冲裁间隙后，链板模具上需要安装辅助零件。

（1）请列举辅助零件。说说：它们的安装顺序是什么？

（2）想一想，上模的定位销为什么放在链板模具总装的最后工序再配作？

6. 在教师指导下完成链板模具的总装，并将总装链板模具的装配要领、所用时间及检验结果记入表 6—3—1 中。

表 6—3—1　总装链板模具的装配步骤、装配操作要领、所用时间及检验结果

装配步骤	装配操作要领	所用时间	检验结果是否合格
组装下模			
组装上模			
调整凸凹模间隙			
辅助零件的安装			
检验模具零件动作			

评价与分析

学习活动过程评价表

<table>
<tr><td>班级</td><td colspan="2"></td><td>姓名</td><td></td><td>学号</td><td></td><td>日期</td><td>年 月 日</td></tr>
<tr><td>序号</td><td colspan="5">评价要点</td><td>配分</td><td>得分</td><td>总评</td></tr>
<tr><td>1</td><td colspan="5">能正确说出链板模具总装的技术要求</td><td>10</td><td></td><td rowspan="4">A□（86～100）
B□（76～85）
C□（60～75）
D□（60 以下）</td></tr>
<tr><td>2</td><td colspan="5">能正确使用装配工具完成下模的组装</td><td>20</td><td></td></tr>
<tr><td>3</td><td colspan="5">能正确使用装配工具完成上模的组装</td><td>20</td><td></td></tr>
<tr><td>4</td><td colspan="5">能正确说出冲裁间隙的概念，确定链板模具的冲裁间隙</td><td>10</td><td></td></tr>
<tr><td>5</td><td colspan="5">能正确调整和检测链板模具的冲裁间隙</td><td>20</td><td></td><td rowspan="4">A□（86～100）
B□（76～85）
C□（60～75）
D□（60 以下）</td></tr>
<tr><td>6</td><td colspan="5">能遵守劳动纪律</td><td>5</td><td></td></tr>
<tr><td>7</td><td colspan="5">能积级参与小组讨论，运用专业术语与其他人员讨论</td><td>10</td><td></td></tr>
<tr><td>8</td><td colspan="5">能虚心接受他人意见，并及时改正</td><td>5</td><td></td></tr>
<tr><td>小结
建议</td><td colspan="8"></td></tr>
</table>

学习活动 4　工作总结、成果展示、经验交流

学习目标

1. 能采用多种形式进行成果展示。
2. 能有效地进行工作总结与经验交流。
3. 能规范地撰写总结。

建议学时：4 学时。

学习准备

链板模具装配图、链板模具装配工艺卡、链板模具装配工作计划、展示用链板模具、展示用设备。

学习过程

1. 制作本学习任务工作过程的 PPT。小组内交流并讨论，确定本组的成果展示方案。简述成果展示方案。

2. 在模具装配过程中，你觉得哪项工作最困难？为什么？简述小组如何克服这个困难的。

3. 在模具装配的过程中，要保证模具的质量，哪个环节最关键？为什么？

4. 与其他组相比，你所在小组所做的成果展示有哪些优势和不足？

5. 撰写本学习任务的工作总结。

评价与分析

活动过程评价自评表

班级		姓名		学号		日期	年　月　日		
评价指标	评价要素				权重	等级评定			
						A	B	C	D
信息检索	能有效利用网络资源、技术手册等查找有效信息				5%				
	能用自己的语言有条理地去解释、阐述所学知识				5%				
	能将查找到的信息有效转换到工作中				5%				
感知工作	能熟悉工作岗位，认同工作价值				5%				
	在工作中，能获得满足感				5%				
参与状态	能与教师、同学相互尊重、理解，平等相待				5%				
	能与教师、同学保持多向、丰富、适宜的信息交流				5%				

续表

班级		姓名		学号		日期	年 月 日		
评价指标	评价要素				权重	等级评定			
						A	B	C	D
参与状态	探究学习、自主学习不流于形式，能处理好合作学习和独立思考的关系，做到有效学习				5%				
	能提出有意义的问题，或能发表个人见解；能按要求正确操作；能做到倾听、协作、分享				5%				
	积极参与，能在产品加工过程中不断学习，提高综合运用信息技术的能力				5%				
学习方法	工作计划、操作技能符合规范要求				5%				
	能获得进一步发展的能力				5%				
工作过程	能遵守管理规程，操作过程符合现场管理要求				5%				
	平时上课的出勤情况和每天完成工作任务情况				5%				
	善于多角度思考问题，能主动发现、提出有价值的问题				5%				
思维状态	能发现问题、提出问题、分析问题、解决问题、创新问题				5%				
自评反馈	能按时、保质完成学习任务				5%				
	能较好地掌握专业知识点				5%				
	具有较强的信息分析能力和理解能力				5%				
	具有较为全面、严谨的思维能力，并能条理明晰地表述成文				5%				
自评等级									
有益的经验和做法									
总结反思建议									

等级评定：A：好　B：较好　C：一般　D：有待提高

活动过程评价互评表

班级		姓名		学号		日期	年　月　日		
评价指标	评价要素				权重	等级评定			
						A	B	C	D
信息检索	能有效利用网络资源、技术手册等查找有效信息				6%				
	能用自己的语言有条理地去解释、阐述所学知识				6%				
	能将查找到的信息有效地转换到工作中				6%				
感知工作	能熟悉自己的工作岗位，认同工作价值				6%				
	在工作中，能获得满足感				6%				
参与状态	能与教师、同学相互尊重、理解，平等相待				6%				
	能与教师、同学保持多向、丰富、适宜的信息交流				6%				
	能处理好合作学习和独立思考的关系，做到有效学习				6%				
	能提出有意义的问题，或能发表个人见解；能按要求正确操作；能做到倾听、协作、分享				6%				
	积极参与，能在产品加工过程中不断学习，综合运用信息技术的能力提高很大				6%				
学习方法	工作计划、操作技能符合规范要求				6%				
	能获得进一步发展的能力				6%				
工作过程	能遵守管理规程，操作过程符合现场管理要求				6%				
	平时上课的出勤情况和每天完成工作任务情况				6%				
	善于多角度思考问题，能主动发现、提出有价值的问题				6%				
思维状态	能发现问题、提出问题、分析问题、解决问题、创新问题				6%				
互评反馈	能严肃、认真地对待互评				4%				
互评等级									
简要评述									

等级评定：A：好　B：较好　C：一般　D：有待提高

活动过程教师评价表

班级			姓名		学号		权重	评价
知识策略	知识吸收	能设法记住所学习的内容					3%	
		能使用多种手段，通过网络、技术手册等收集到较多的有效信息					3%	
	知识构建	能自觉寻求不同工作任务之间的内在联系					3%	
	知识应用	能将学习到的内容应用到解决实际问题中					3%	
工作策略	兴趣取向	对课程本身感兴趣，能熟悉自己的工作岗位，认同工作价值					3%	
	成就取向	学习的目的是获得高水平的成绩					3%	
	批判性思考	谈到或听到一个推论或结论时，能考虑到其他可能的答案					3%	
管理策略	自我管理	若不能很好地理解学习内容，能设法找到该任务相关的其他资讯					3%	
	过程管理	能正确回答工作页中及教师提出的问题					3%	
		能根据提供的材料、工作页和教师的指导进行有效学习					3%	
		针对工作任务，能反复查找资料、反复研讨，编制有效的工作计划					3%	
		在工作过程中，能留有研讨记录					3%	
		在团队合作中，能主动承担并完成任务					3%	
	时间管理	能有效地组织学习时间，按时、保质完成学习任务					3%	
	结果管理	在学习过程中能获得满足、成功与喜悦等体验，对后续学习更有信心					3%	
		能根据研讨内容，对知识、步骤、方法进行合理的修改和应用					3%	
		课后能积极、有效地进行学习的自我反思，总结学习心得					3%	
		规范撰写工作总结，能进行经验交流与工作反馈					3%	
过程状态	交往状态	与教师、同学交流时，能做到语言得体、彬彬有礼					3%	
		能与教师、同学保持多向、丰富、适宜的信息交流和合作					3%	
	思维状态	能用自己的语言有条理地去解释、阐述所学知识					3%	
		善于多角度思考问题，能主动提出有价值的问题					3%	
	情绪状态	能自我调控学习情绪，能随着教学进程或解决问题的全过程而产生不同的情绪变化					3%	

续表

班级		姓名		学号		权重	评价
过程状态	生成状态	能总结当堂学习所得，或提出深层次的问题				3%	
	组内合作过程	能明确任务目标、分工，并积极组织或参与小组工作				3%	
		积极参与小组讨论，并能充分地表达自己的思想或意见				3%	
		能采取多种形式，展示本组的工作成果，并进行交流反馈				3%	
		对其他组提出的疑问能做出积极、有效的回答				3%	
		认真听取其他组的汇报发言，并能大胆质疑，提出不同意见或更深层次的问题				3%	
	工作总结	能规范撰写工作总结				3%	
自评	综合评价	能严肃、认真地对待自评				5%	
互评	综合评价	能严肃、认真地对待互评				5%	
总评等级							
建议	评定人：（签名）　　年　月　日						

等级评定：A：好　B：较好　C：一般　D：有待提高

学习任务总体评价

1. 展示评价

把个人装配完成的产品先进行分组展示，再由小组推荐代表作必要的介绍。在展示的过程中，以组为单位进行评价；评价完成后，根据其他组成员对本组展示的成果评价意见进行归纳总结。完成如下项目：

（1）展示的产品符合技术标准吗？

合格□　　　不合格□　　　返修□

（2）与其他组相比，评判一下本组的产品装配工艺是否合理。

工艺优化□　　　工艺合理□　　　工艺一般□

（3）本组介绍成果表达是否清晰？

很好□　　　一般，常补充□　　　不清晰□

（4）本组演示产品装配质量的检测方法时，操作正确吗？

正确□　　　部分正确□　　　不正确□

（5）本组演示操作时遵循了“6S”的工作要求吗？

符合工作要求□　　　忽略了部分要求□　　　完全没有遵循□

（6）本组的成员团队创新精神如何？

良好□　　　一般□　　　不足□

2. 教师点评与总结

（1）针对展示过程中各组的优点进行点评。

（2）针对展示过程中各组的缺点进行点评，提出改进方法。

（3）总结整个任务完成过程中出现的亮点和不足。

将本组的点评要点记录在下面。

3. 综合评价

指导教师：（签名）　　　　年　　月　　日

学习任务七　链板模具试模与修模

1. 能正确操作冲床，完成冲床的日常维护和保养。

2. 能根据链板的零件图及其加工工艺卡试冲链板，完成试模，检验试件的加工质量。

3. 能根据试件的质量问题，分析其产生的原因，选择正确的修模方法，制定修模步骤，完成修模。

30 学时。

链板模具装配后，制作人员按照生产派工单将其安装在冲床上进行试模、修模，直至其达到合格。链板的加工按照其加工工艺卡（表 7—0—1）进行。

生产派工单

单号：006　开单部门：________　开单人：______

开单时间：_______年___月___日___时___分　接单人：___部___小组___（签名）

<table>
<tr><td colspan="5">以下由开单人填写</td></tr>
<tr><td>产品名称</td><td colspan="2">链板模具</td><td>完成工时</td><td>30 工时</td></tr>
<tr><td>产品技术要　求</td><td colspan="4">完成链板模具的试模与修模，得到合格的链板零件和链板模具</td></tr>
<tr><td colspan="5">以下由接单人和确认方填写</td></tr>
<tr><td>领取材料（含消耗品）</td><td colspan="2"></td><td rowspan="2">成本核算</td><td rowspan="2">金额合计：
仓管员（签名）
年　月　日</td></tr>
<tr><td>领用工具</td><td colspan="2"></td></tr>
<tr><td>操作者检　测</td><td colspan="2"></td><td colspan="2">（签名）
年　月　日</td></tr>
<tr><td>班　组检　测</td><td colspan="2"></td><td colspan="2">（签名）
年　月　日</td></tr>
<tr><td>质检员检　测</td><td colspan="2"></td><td colspan="2">（签名）
年　月　日</td></tr>
<tr><td rowspan="4">生产数量统　计</td><td>合格</td><td colspan="3"></td></tr>
<tr><td>不良</td><td colspan="3"></td></tr>
<tr><td>返修</td><td colspan="3"></td></tr>
<tr><td>报废</td><td colspan="3"></td></tr>
</table>

表 7—0—1　　链板加工工艺卡

×××厂（单位名称）		产品名称	链板	工件名称	链板	产量	100 000
		产品型号	×××××	工件图号	×××××	共 1 页	第 1 页
材料牌号		45	毛坯形状及尺寸		条料，55 mm×100 mm		
工序号	工序名称	工序草图	工装名称	设备	检验要求	工种	备注
0	下料	55；100		剪床	毛坯尺寸 55 mm×100 mm	钳工	
1	冲孔、落料	$2\times\phi6^{+0.025}_{0}$；$14^{0}_{-0.043}$；$26\pm0.03$	复合模	350 kN 压力机		压力机操作	
2	去毛刺			滚筒/手工		钳工	
3	检验				按零件图检验		

原底图总号	日期	更改标记						编制	校对	核对
		文件号					签名			
底图总号	签字	签名					日期			
		日期								

工作流程与活动

通过视频资料了解冲床的结构及工作过程；阅读冲床的安全生产操作规程、使用说明书，掌握冲床的操作方法及步骤，了解冲床的保养内容和要求；正确安装模具，根据链板加工工艺卡，结合冲压零件的技术要求，安全试模；检验链板的冲压质量，评判链板模具的制造质量是否达到装配图的要求；如果冲压出来的链板存在质量问题，小组讨论并制定修模计划，对链板模具进行修模；修模后，再进行试模；反复试模、修模，直至链板模具能稳定加工出合格的链板；按现场管理规定，打扫场地，归置物品；按环保要求处置废液等。任务完成后，写出工作总结，进行经验交流。

学习活动 1　接受工作任务、明确工作要求（2 学时）

学习活动 2　操作与维护保养冲床（6 学时）

学习活动 3　试模（10 学时）

学习活动 4　修模（8 学时）

学习活动 5　工作总结、成果展示、经验交流（4 学时）

学习活动1　接受工作任务、明确工作要求

学习目标

1. 能说出链板模具装配后的工序。
2. 能写出试模的工作内容和要求。
3. 能写出模具装配后的外观检验要求。
3. 能完成试模前的设备、工具、量具及毛坯的准备工作。

建议学时：2 学时。

学习准备

生产派工单、链板模具装配图、链板零件图、链板加工工艺卡、教材；工作服、工作帽等劳保用品。

学习过程

1. 想一想，链板模具装配后安装在冲压设备上，能否加工出符合要求的链板零件？模具制作到这个阶段，还需要什么工序才能够达到装配图的技术要求？

2. 查阅相关资料，写出试模的工作内容和技术要求。

3. 查阅相关资料，小组讨论并写出试模前对模具外观的检验要求。

4. 阅读链板加工工艺卡，小组讨论并确定试模需要准备的设备、工具、量具及毛坯，将其名称（或材料）与规格填入表7—1—1。

表7—1—1 链板模具试模前的准备

准备项目	名称（或材料）、规格			
生产设备	名称		规格	
工具	名称		规格	
量具	名称		规格	
毛坯	材料		规格	

5. 阅读链板加工工艺卡，小组讨论并确定试模工作流程。

评价与分析

学习活动过程评价表

<table>
<tr><td>班级</td><td></td><td>姓名</td><td></td><td>学号</td><td></td><td>日期</td><td>年 月 日</td></tr>
<tr><td>序号</td><td colspan="5">评价要点</td><td>配分</td><td>得分</td><td>总评</td></tr>
<tr><td>1</td><td colspan="5">能说出链板模具装配后的工序</td><td>10</td><td></td><td rowspan="8">A□（86～100）
B□（76～85）
C□（60～75）
D□（60 以下）</td></tr>
<tr><td>2</td><td colspan="5">能说出试模的内容和技术要求</td><td>20</td><td></td></tr>
<tr><td>3</td><td colspan="5">能说出链板模具装配后的外观检验要求</td><td>10</td><td></td></tr>
<tr><td>4</td><td colspan="5">能根据链板加工工艺卡，完成试模的准备工作</td><td>20</td><td></td></tr>
<tr><td>5</td><td colspan="5">能合理制定链板模具试模工作流程</td><td>20</td><td></td></tr>
<tr><td>6</td><td colspan="5">能遵守劳动纪律，以积极的态度接受工作任务</td><td>5</td><td></td></tr>
<tr><td>7</td><td colspan="5">能积级参与小组讨论，运用专业术语与其他人员讨论</td><td>10</td><td></td></tr>
<tr><td>8</td><td colspan="5">能虚心接受他人意见，并及时改正</td><td>5</td><td></td></tr>
<tr><td>小结
建议</td><td colspan="8"></td></tr>
</table>

学习活动 2　操作与维护保养冲床

学习目标

1. 能说出冲床的用途、种类、组成结构及工作原理。
2. 能完成冲床的日常保养操作。

建议学时：6 学时。

学习准备

冲床；冲床使用说明书、冲床安全生产操作规程、冲床的工作视频资料、教材；工作服、工作帽等劳保用品，安全生产警示标识。

学习过程

1. 想一想，如何使链板模具进行连续生产？哪些设备可以驱动模具进行生产加工？

2．观看冲床工作的视频资料，查阅冲床的相关资料：

（1）填出图 7—2—1 所示冲床主要部件的名称。

（2）写出冲床的用途、种类。

1）冲床的用途

图 7—2—1　冲床结构示意图

2）冲床的种类

（3）参照图 7—2—2 所示，说出冲床的工作原理（加工特点）。

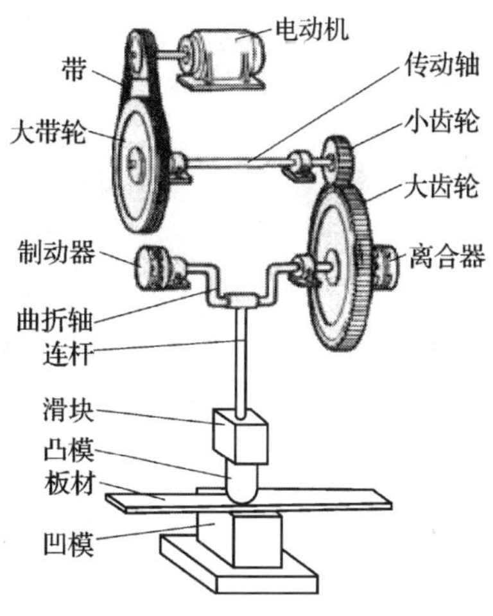

图 7—2—2　冲床工作原理示意图

3. 摘录学校所用冲床的主要技术参数。

4. 查阅资料，说说：什么是对设备的点检？冲床加工前有哪些点检工作？

5. 查阅资料，在教师指导下完成冲床日常保养工作，并记录保养内容和保养步骤。

评价与分析

学习活动过程评价表

班级		姓名		学号		日期	年　月　日
序号	评价要点				配分	得分	总评
1	能说出冲床的用途和种类				20		A□（86～100） B□（76～85） C□（60～75） D□（60 以下）
2	能说出冲床的工作原理				20		
3	能查找冲床的技术参数				10		
4	能完成冲床的日常保养操作				30		
5	能遵守劳动纪律				5		
6	能积级参与小组讨论，运用专业术语与其他人员讨论				10		
7	能虚心接受他人意见，并及时改正				5		
小结建议							

学习活动3 试模

学习目标

1. 能写出车间现场管理的规章制度。
2. 能说出冲床上安装链板模具的技术参数。
3. 能根据试模的安全操作程序，正确安装模具。
4. 能正确调节冲压行程，保证冲裁压力。
5. 能按照冲床的操作流程完成链板模具的试冲操作。
6. 能说出复合模的试模过程。
7. 能正确保养模具。

建议学时：10学时。

学习准备

冲床、链板模具；模具装配和调试视频资料、冲床使用说明书、冲床安全生产操作规程、链板零件图、链板加工工艺卡、教材；活扳手、铜棒；工作服、工作帽等劳保用品，安全生产警示标识。

学习过程

1. 在车间内找出有关冲压设备的场地管理规章制度，并进行抄录。

2. 在冲压车间的冲床上安装模具前，应该做哪些准备工作?

3.（1）小组讨论：在冲床安装链板模具时，应考虑哪些技术参数?

（2）链板模具的开闭高度范围为______________ mm。

4. 小组讨论，为什么要进行试冲?

5. 观看视频资料及教师演示，记录：

（1）在冲床上安装链板模具的步骤及注意事项。

（2）调整冲床行程的操作步骤及注意事项。

6. 参见图 7—3—1 所示的冲床操作流程，按照加工工艺卡完成链板的试冲。链板模具试模时需要试冲多少件，才能确定模具试模质量稳定？

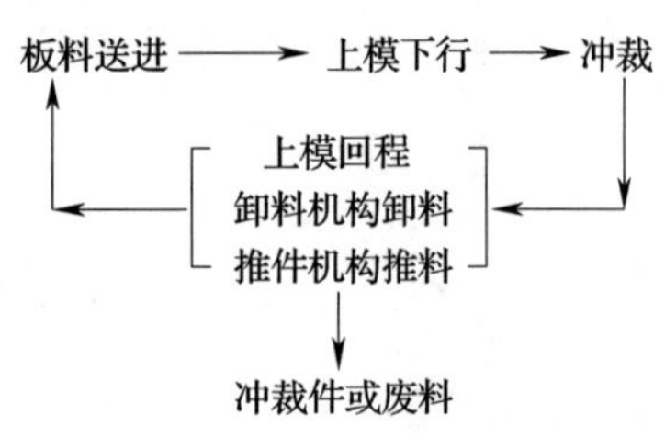

图 7—3—1 冲床操作流程

7. 查阅资料，总结复合模的试模过程。

8. 查阅资料，小组讨论并确定保养链板模具的方法和步骤。

评价与分析

学习活动过程评价表

班级		姓名		学号		日期	年　月　日
序号	评价要点				配分	得分	总评
1	能写出车间有关冲压设备的场地管理规章制度				10		A□（86～100） B□（76～85） C□（60～75） D□（60 以下）
2	能根据试模的安全操作程序，正确安装模具				20		
3	能正确调节冲压行程，保证冲裁压力				10		
4	能按冲床安全生产操作规程，正确操作冲床，完成链板模具的试冲操作				20		
5	能说出复合模试模的过程				10		
6	能正确保养模具				10		
7	能遵守劳动纪律，以积极的态度接受工作任务				5		
8	能积级参与小组讨论，运用专业术语与其他人员讨论				10		
9	能虚心接受他人意见，并及时改正				5		
小结建议							

学习活动4 修模

学习目标

1. 能正确检测链板的冲压质量。

2. 能判断链板的冲压质量，分析产生缺陷的原因，并解决。

3. 能确定修模的工艺步骤，绘制修模图样，按照修模的工艺和步骤，正确修模。

4. 能比较修模前后链板的冲压质量，完成二次修模。

建议学时：8学时。

学习准备

链板模具；链板模具装配图、链板模具装配工艺卡、链板零件图、链板加工工艺卡、教材；修模工具；工作服、工作帽等劳保用品，安全生产警示标识。

学习过程

1. （1）图7—4—1所示为冲裁件的断面示意图。查阅资料，填写图中数字所指部分的名称。

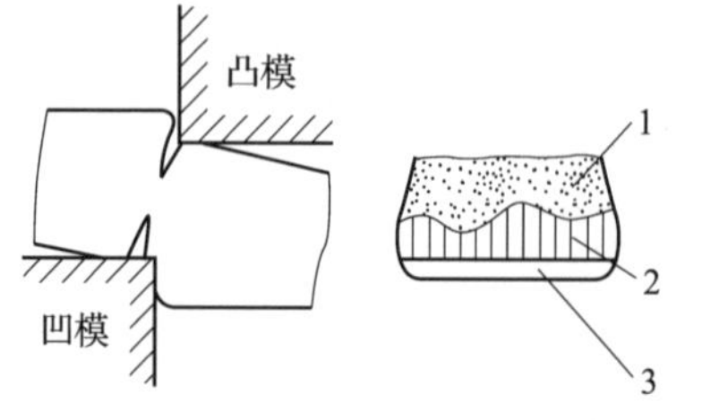

图7—4—1 冲裁及冲裁件断面示意图

1 —______________

2 —______________

3 —______________

（2）图 7—4—2 所示为冲压后制件的不同断面示意图，查阅资料，小组讨论并确定造成图 7—4—2a、b 所示断面的原因。

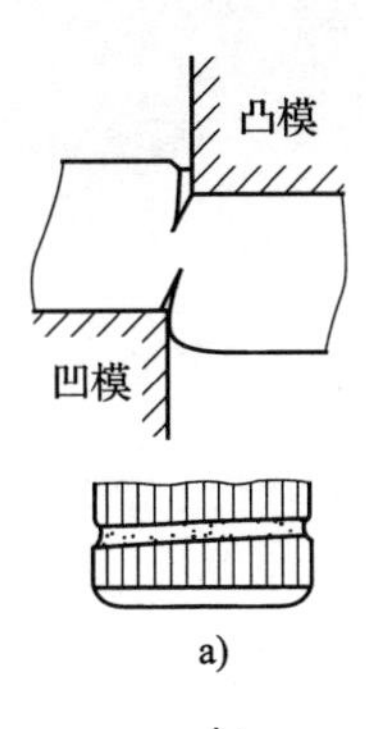

产生图 a 所示断面的原因：

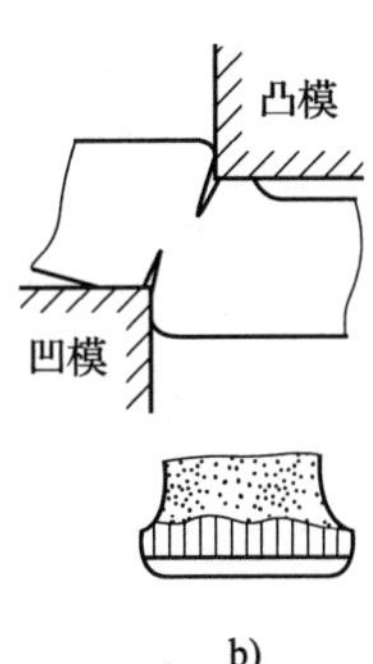

产生图 b 所示断面的原因：

图 7—4—2　冲压后制件的不同断面示意图

（3）在教师指导下，正确检测冲压得到的链板，并将冲压质量的检测结果记录入表 7—4—1。

表 7—4—1　　链板的冲压质量检测结果

序号	尺寸	断面质量	外观平整性	质量分析
1				
2				
3				
4				

2. 查阅资料，小组讨论：当复合模生产出的制件尺寸不合格时，如何判断应维修凸模还是应维修凹模?

3.（1）判断链板零件是否存在下列常见质量问题。

（2）查阅相关资料，小组讨论，分析产生缺陷的原因，并提出修模方法，填入表7—4—2。

表7—4—2 链板的质量问题、产生缺陷的原因及修模方法

序号	是否存在质量问题（如果有，在括号中打“√”）	产生缺陷的原因	修模方法
1	制件断面光亮带太宽，有齿状毛刺（ ）		
2	制件断面粗糙，圆角大，光亮带小，有拉长的毛刺（ ）		
3	制件断面光亮带不均匀，或一边有带斜度的毛刺（ ）		
4	落料后制件呈弧形面（ ）		
5	校正后制件尺寸超差（ ）		
6	内孔与外形位置偏移（ ）		
7	孔口破裂或制件变形（ ）		
8	工件扭曲（ ）		
9	啃口（ ）		
10	脱料不正常（ ）		

4．查阅资料，修模的基本原则有哪些？

5．（1）小组讨论并提出修模的工艺步骤，记录在表 7—4—3 中。

表 7—4—3　修模的工艺步骤

工序	工步	操作内容	精度要求	主要工具、量具

（2）绘制修模图样，粘贴在下面，并写出链板模具的变更要求，以及修模技术要求。

6. 查阅资料，小组讨论：修模时模具零件的加工和首次进行模具零件加工有什么区别？需要注意哪些问题？

7. 在教师的指导下，对出现问题的模具进行修模，记录修模的操作步骤及注意事项。

8. 修模后再进行试模，检验链板质量，比较修模前后的试件质量，填写二次试模检测卡（表7—4—4）。

表7—4—4　　二次试模检测卡

序号		尺寸	断面质量	飞边大小	质量分析
1	修模前				
	修模后				
2	修模前				
	修模后				
3	修模前				
	修模后				
	修模前				
	修模后				
	修模前				
	修模后				
	修模前				
	修模后				
	修模前				
	修模后				

评价与分析

学习活动过程评价表

<table>
<tr><td>班级</td><td></td><td>姓名</td><td></td><td>学号</td><td></td><td>日期</td><td>年 月 日</td></tr>
<tr><td>序号</td><td colspan="4">评价要点</td><td>配分</td><td>得分</td><td>总评</td></tr>
<tr><td>1</td><td colspan="4">能检测链板的冲压质量，分析产生缺陷的原因，提出修模方法</td><td>20</td><td></td><td rowspan="8">A□（86～100）
B□（76～85）
C□（60～75）
D□（60 以下）</td></tr>
<tr><td>2</td><td colspan="4">能确定修模的工艺步骤</td><td>20</td><td></td></tr>
<tr><td>3</td><td colspan="4">能绘制修模图样</td><td>10</td><td></td></tr>
<tr><td>4</td><td colspan="4">能完成对链板模具的修模工作</td><td>20</td><td></td></tr>
<tr><td>5</td><td colspan="4">能比较修模前后链板的冲压质量，完成二次修模</td><td>10</td><td></td></tr>
<tr><td>6</td><td colspan="4">遵守劳动纪律</td><td>5</td><td></td></tr>
<tr><td>7</td><td colspan="4">积级参与小组讨论，能运用专业术语与其他人员讨论</td><td>10</td><td></td></tr>
<tr><td>8</td><td colspan="4">能虚心接受他人意见，并及时改正</td><td>5</td><td></td></tr>
<tr><td>小结
建议</td><td colspan="7"></td></tr>
</table>

学习活动5　工作总结、成果展示、经验交流

学习目标

1. 能采用多种形式进行成果展示。
2. 能有效地进行工作总结与经验交流。
3. 能规范地撰写总结。

建议学时：4学时。

学习准备

链板模具装配图、链板模具装配工艺卡、链板零件图、链板加工工艺卡、教材；展示用链板模具和链板；工作服、工作帽等劳保用品。

学习过程

1. 参照表7—5—1所列考核内容，按要求对模具进行评分。

表7—5—1　链板模具考评表

项目	考核内容	配分	得分
装配要求	按照装配工艺要求正确进行模架、模柄、圆凸模组件的组装	12	
	按照装配工艺要求正确装下模、配上模、总装配	12	
	正确调整冲裁间隙，四周间隙均匀	12	
	正确安装、调整卸料板和定位销及卸料弹簧等	8	
	正确紧固螺钉，正确连接圆柱销	8	
调试要求	冲压工艺准备	6	
	正确安装模具	10	

续表

项目	考核内容	配分	得分
调试要求	正确调整冲床技术参数	6	
	模具工作正常	10	
制件要求	检验链板尺寸的一致性	6	
	链板毛刺不能超过规定的数值	5	
	链板不允许有划伤、变形等缺陷	5	
其他	安全文明生产（出现违反安全文明生产的行为就扣分）	-5/次	

2. 你在本学习任务中主要承担了什么任务？想一想，你在哪些方面得到了提高？（提示：有没有针对试模和修模中出现的问题提出自己的见解？解决了什么问题?）

3. 撰写本学习任务的工作总结。（提示：应反映试模、修模的整个过程中自己对专业能力的掌握情况和团队合作情况。）

4．制作本学习任务工作过程的 PPT。小组内交流并讨论，确定本组的成果展示方案。简述成果展示方案。

评价与分析

活动过程评价自评表

班级		姓名		学号		日期	年　月　日		
评价指标	评价要素				权重	等级评定			
						A	B	C	D
信息检索	能有效利用网络资源、技术手册等查找有效信息				5%				
	能用自己的语言有条理地去解释、阐述所学知识				5%				
	能将查找到的信息有效转换到工作中				5%				
感知工作	能熟悉工作岗位，认同工作价值				5%				
	在工作中，能获得满足感				5%				
参与状态	能与教师、同学相互尊重、理解，平等相待				5%				
	能与教师、同学保持多向、丰富、适宜的信息交流				5%				

续表

<table>
<tr><td>班级</td><td></td><td>姓名</td><td></td><td>学号</td><td></td><td>日期</td><td colspan="3">年 月 日</td></tr>
<tr><td rowspan="2">评价指标</td><td colspan="4" rowspan="2">评价要素</td><td rowspan="2">权重</td><td colspan="4">等级评定</td></tr>
<tr><td>A</td><td>B</td><td>C</td><td>D</td></tr>
<tr><td rowspan="3">参与状态</td><td colspan="4">探究学习、自主学习不流于形式，能处理好合作学习和独立思考的关系，做到有效学习</td><td>5%</td><td></td><td></td><td></td><td></td></tr>
<tr><td colspan="4">能提出有意义的问题，或能发表个人见解；能按要求正确操作；能做到倾听、协作、分享</td><td>5%</td><td></td><td></td><td></td><td></td></tr>
<tr><td colspan="4">积极参与，能在产品加工过程中不断学习，提高综合运用信息技术的能力</td><td>5%</td><td></td><td></td><td></td><td></td></tr>
<tr><td rowspan="2">学习方法</td><td colspan="4">工作计划、操作技能符合规范要求</td><td>5%</td><td></td><td></td><td></td><td></td></tr>
<tr><td colspan="4">能获得进一步发展的能力</td><td>5%</td><td></td><td></td><td></td><td></td></tr>
<tr><td rowspan="3">工作过程</td><td colspan="4">能遵守管理规程，操作过程符合现场管理要求</td><td>5%</td><td></td><td></td><td></td><td></td></tr>
<tr><td colspan="4">平时上课的出勤情况和每天完成工作任务情况</td><td>5%</td><td></td><td></td><td></td><td></td></tr>
<tr><td colspan="4">善于多角度思考问题，能主动发现、提出有价值的问题</td><td>5%</td><td></td><td></td><td></td><td></td></tr>
<tr><td>思维状态</td><td colspan="4">能发现问题、提出问题、分析问题、解决问题、创新问题</td><td>5%</td><td></td><td></td><td></td><td></td></tr>
<tr><td rowspan="4">自评反馈</td><td colspan="4">能按时、保质完成学习任务</td><td>5%</td><td></td><td></td><td></td><td></td></tr>
<tr><td colspan="4">能较好地掌握专业知识点</td><td>5%</td><td></td><td></td><td></td><td></td></tr>
<tr><td colspan="4">具有较强的信息分析能力和理解能力</td><td>5%</td><td></td><td></td><td></td><td></td></tr>
<tr><td colspan="4">具有较为全面、严谨的思维能力，并能条理明晰地表述成文</td><td>5%</td><td></td><td></td><td></td><td></td></tr>
<tr><td colspan="5">自评等级</td><td colspan="5"></td></tr>
<tr><td>有益的经验和做法</td><td colspan="9"></td></tr>
<tr><td>总结反思建议</td><td colspan="9"></td></tr>
</table>

等级评定：A：好 B：较好 C：一般 D：有待提高

活动过程评价互评表

班级		姓名		学号		日期	年　月　日		
评价指标	评价要素				权重	等级评定			
						A	B	C	D
信息检索	能有效利用网络资源、技术手册等查找有效信息				6%				
	能用自己的语言有条理地去解释、阐述所学知识				6%				
	能将查找到的信息有效地转换到工作中				6%				
感知工作	能熟悉自己的工作岗位，认同工作价值				6%				
	在工作中，能获得满足感				6%				
参与状态	能与教师、同学相互尊重、理解，平等相待				6%				
	能与教师、同学保持多向、丰富、适宜的信息交流				6%				
	能处理好合作学习和独立思考的关系，做到有效学习				6%				
	能提出有意义的问题，或能发表个人见解；能按要求正确操作；能做到倾听、协作、分享				6%				
	积极参与，能在产品加工过程中不断学习，综合运用信息技术的能力提高很大				6%				
学习方法	工作计划、操作技能符合规范要求				6%				
	能获得进一步发展的能力				6%				
工作过程	能遵守管理规程，操作过程符合现场管理要求				6%				
	平时上课的出勤情况和每天完成工作任务情况				6%				
	善于多角度思考问题，能主动发现、提出有价值的问题				6%				
思维状态	能发现问题、提出问题、分析问题、解决问题、创新问题				6%				
互评反馈	能严肃、认真地对待互评				4%				
互评等级									
简要评述									

等级评定：A：好　B：较好　C：一般　D：有待提高

活动过程教师评价表

班级			姓名		学号		权重	评价
知识策略	知识吸收	能设法记住所学习的内容					3%	
		能使用多种手段，通过网络、技术手册等收集到较多的有效信息					3%	
	知识构建	能自觉寻求不同工作任务之间的内在联系					3%	
	知识应用	能将学习到的内容应用到解决实际问题中					3%	
工作策略	兴趣取向	对课程本身感兴趣，能熟悉自己的工作岗位，认同工作价值					3%	
	成就取向	学习的目的是获得高水平的成绩					3%	
	批判性思考	谈到或听到一个推论或结论时，能考虑到其他可能的答案					3%	
管理策略	自我管理	若不能很好地理解学习内容，能设法找到该任务相关的其他资讯					3%	
	过程管理	能正确回答工作页中及教师提出的问题					3%	
		能根据提供的材料、工作页和教师的指导进行有效学习					3%	
		针对工作任务，能反复查找资料、反复研讨，编制有效的工作计划					3%	
		在工作过程中，能留有研讨记录					3%	
		在团队合作中，能主动承担并完成任务					3%	
	时间管理	能有效地组织学习时间，按时、保质完成学习任务					3%	
	结果管理	在学习过程中能获得满足、成功与喜悦等体验，对后续学习更有信心					3%	
		能根据研讨内容，对知识、步骤、方法进行合理的修改和应用					3%	
		课后能积极、有效地进行学习的自我反思，总结学习心得					3%	
		规范撰写工作总结，能进行经验交流与工作反馈					3%	
过程状态	交往状态	与教师、同学交流时，能做到语言得体、彬彬有礼					3%	
		能与教师、同学保持多向、丰富、适宜的信息交流和合作					3%	
	思维状态	能用自己的语言有条理地去解释、阐述所学知识					3%	
		善于多角度思考问题，能主动提出有价值的问题					3%	
	情绪状态	能自我调控学习情绪，能随着教学进程或解决问题的全过程而产生不同的情绪变化					3%	

续表

<table>
<tr><th>班级</th><th colspan="2"></th><th>姓名</th><th></th><th>学号</th><th></th><th>权重</th><th>评价</th></tr>
<tr><td rowspan="7">过程状态</td><td>生成状态</td><td colspan="5">能总结当堂学习所得，或提出深层次的问题</td><td>3%</td><td></td></tr>
<tr><td rowspan="5">组内合作过程</td><td colspan="5">能明确任务目标、分工，并积极组织或参与小组工作</td><td>3%</td><td></td></tr>
<tr><td colspan="5">积极参与小组讨论，并能充分地表达自己的思想或意见</td><td>3%</td><td></td></tr>
<tr><td colspan="5">能采取多种形式，展示本组的工作成果，并进行交流反馈</td><td>3%</td><td></td></tr>
<tr><td colspan="5">对其他组提出的疑问能做出积极有效的回答</td><td>3%</td><td></td></tr>
<tr><td colspan="5">认真听取其他组的汇报发言，并能大胆质疑，提出不同意见或更深层次的问题</td><td>3%</td><td></td></tr>
<tr><td>工作总结</td><td colspan="5">能规范撰写工作总结</td><td>3%</td><td></td></tr>
<tr><td>自评</td><td>综合评价</td><td colspan="5">能严肃、认真地对待自评</td><td>6%</td><td></td></tr>
<tr><td>互评</td><td>综合评价</td><td colspan="5">能严肃、认真地对待互评</td><td>6%</td><td></td></tr>
<tr><td colspan="7">总评等级</td><td colspan="2"></td></tr>
<tr><td>建议</td><td colspan="8">评定人：（签名）　　　　年　月　日</td></tr>
</table>

等级评定：A：好　B：较好　C：一般　D：有待提高

学习任务总体评价

1．展示评价

把个人试模、修模完成的产品先进行分组展示，再由小组推荐代表作必要的介绍。在展示的过程中，以组为单位进行评价；评价完成后，根据其他组成员对本组展示的成果评价意见进行归纳总结。完成如下项目：

（1）展示的产品符合技术标准吗？

合格□　　　不合格□　　　返修□

（2）与其他组相比，评判一下本组的试模和修模的加工工艺是否合理。

工艺优化□　　　工艺合理□　　　工艺一般□

（3）本组介绍成果表达是否清晰？

很好□　　　一般，常补充□　　　不清晰□

（4）本组演示试模、修模操作正确吗？

正确□ 部分正确□ 不正确□

（5）本组演示操作时遵循了“6S”的工作要求吗?

符合工作要求□ 忽略了部分要求□ 完全没有遵循□

（6）本组的成员团队创新精神如何?

良好□ 一般□ 不足□

2. 教师点评和总结

（1）针对展示过程中各组的优点进行点评。

（2）针对展示过程中各组的缺点进行点评，提出改进方法。

（3）总结整个任务完成过程中出现的亮点和不足。

将本组的点评要点记录在下面。

3. 综合评价

指导教师：（签名） 年 月 日